果园病虫害
防控一本通

樱桃病虫害绿色防控彩色图谱

孙瑞红　李晓军　主编

中国农业出版社

主　编　孙瑞红　李晓军

编　者　孙瑞红　山东省果树研究所

李晓军　山东省果树研究所

李爱华　山东省果树研究所

武海斌　山东省果树研究所

宫庆涛　山东省果树研究所

李渝涛　大连市农业科学院

姜莉莉　山东省果树研究所

前　言

樱桃是一种时令性很强的水果，由于果实成熟期早，被誉为“春果第一枝”。樱桃果实颜色鲜艳、果味甜香、营养丰富，加之恰逢春暖花开时节开花和成熟，适宜人们踏春、赏花和采摘品果，更加备受喜爱。近年来，由于樱桃管理期短、价格高和经济效益显著，刺激了樱桃产业快速发展，我国很多省份引种栽培，面积和产量逐年递增，设施化种植也发展很快。

樱桃属多年生木本植物，树体生长较快，园内和周边生物复杂多样，有利于多种生物的栖居和繁衍，给樱桃病虫害提供了适宜的发生环境，影响树体生长发育、开花结果、果实产量和品质。据调查，为害樱桃的病虫有上百种，在中国主要发生的有几十种。为了保证樱桃树正常生长和结果，提高果实产量和品质，必须做好病虫防控工作。识别病虫种类，掌握其发生特点，及时采取绿色防控技术，方能经济有效科学控害。

本书以服务广大樱桃种植专业户和基层技术人员为出发点，在编写内容上力求根据生产实际需要，采用通俗易懂的语言进行叙述，便于掌握和实施。书中将目前我国樱桃树上发生的主要病虫害的症状、形态特征、发生规律、综合防治技术等进行了详述，对果园主要天敌和常用农药进行了简述，配上多幅彩色图片，便于读者识别和掌握。

目前，我国樱桃种植范围不断扩大，逐渐向西部和南部区域发展，主要分布在山东、辽宁、陕西、北京、山西、河北、河南、甘肃、青海、云南、四川等省份，宁夏、新疆及江浙一带也有少量种植。因此，樱桃所处的气候条件和地理环境差异很大，许多新生病虫研究报道较少。书中描述的病虫发生代数和时间只是大致规律，不能和各地一一对应，请读者谅解。另外，由于目前中国在樱桃树上登记的农药品种极少，本书参照苹果、梨、桃等果树登记的农药品种，结合生产上的使用情况推荐了一些低毒、低残留农药，书中所推荐的防治药剂和浓度仅供读者参考，不可照搬硬套。因为农药的防治效果受温度、湿度、降雨、光照、病虫状态、药剂含量和剂型等多因素影响，建议读者使用农药前要仔细阅读生产厂家提供的产品说明书，结合自己樱桃园或大棚实际情况合理使用农药。最好先少量试用，待确定安全有效后再大面积推广。

本书在编写过程中，参考和引用了许多国内外相关书籍和文献，在此对相关作者表示衷心感谢。

由于编者水平有限，书中可能有错误和疏漏之处，敬请广大读者和同行专家批评指正。

编　者

2018年1月

目　录

第一章　樱桃侵染性病害

樱桃细菌性穿孔病

樱桃细菌性穿孔病主要由黄单胞菌 *Xanthomonas pruni* (Smith) Dowson 或假单胞菌 *Pseudomonas syringae* pv. *syringae* van Hall 侵染引起，严重时造成大量落叶，是樱桃上发生普遍、为害较严重的一种病害。还为害桃、李、杏、油桃等果树。

［症状］该病主要为害叶片和嫩梢。叶片染病后，初为水渍状小斑点，后发展成紫褐色至黑褐色直径约2毫米的病斑，病斑周围有水渍状黄绿色晕环。随后病斑干枯，病健交界处产生一圈裂纹，病斑脱落后形成穿孔。春季抽芽展叶期，枝梢被侵染，

樱桃细菌性穿孔病病叶

樱桃细菌性穿孔病病叶

形成暗褐色水渍状小疱疹块，可造成枯梢现象。夏季枝梢被侵染，则在当年生嫩枝上产生水渍状紫褐色斑点，病斑多以皮孔为中心，圆形或椭圆形，中央稍凹陷，最后皮层纵裂、溃疡。夏季病斑不易扩展，但病斑多时，亦可致枝条枯死。

［发病规律］该病原细菌在枝条病组织溃疡病斑内越冬。翌

樱桃细菌性穿孔病病枝及病叶

年春季樱桃萌芽时，潜伏在病组织内的细菌开始活动。樱桃开花前后，细菌从病组织中溢出，借风雨或昆虫传播，经叶片的气孔、枝条皮孔侵入。在北方，叶片一般于5月中下旬开始发病。夏季如果天气干旱，病势进展缓慢，到8～9月秋雨季节发病较为严重。温暖、多雾或降水频繁，适于病害发生。树势衰弱或排水不良、偏施氮肥的果园常发病重。

［防治技术］

①加强栽培管理。增施有机肥，避免偏施氮肥。及时排水，合理修剪，使通风透光良好，以降低果园湿度。秋后结合修剪，彻底清除枯枝、落叶等。②樱桃要单独建园。不要与桃、李、杏等核果类果树混栽。樱桃园应建在距桃、李、杏园较远的地方。③药剂防治。发芽前喷5波美度石硫合剂，或1∶1∶100波尔多液，或50%福美锌可湿性粉剂100倍液。谢花后5～7天开始，每10～14天喷一次3%中生菌素3 000倍液，或70%代森锰锌可湿性粉剂600倍液，或70%福美双可湿性粉剂600倍液，或40%噻唑锌悬浮剂800倍液。

樱 桃 褐 斑 病

樱桃褐斑病由核果穿孔尾孢霉（*Cercospora* sp.）侵染所致，主要为害叶片和新梢，常导致大樱桃早期叶片脱落，樱桃主产区均有发生。该病菌还侵染桃、李、杏、樱花、梅等。

［症状］叶片发病初期，叶片正面出现针头大小的黄褐色斑点，随后病斑逐渐扩大为直径2～5毫米的圆斑，中心部分仍为黄褐色或灰褐色小霉点，边缘呈褐红色。病斑多时常使整个叶片变黄，引起早期落叶，严重时可导致当年秋季第二次开花，造成树势衰弱，影响翌年结果。

樱桃褐斑病病树

樱桃褐斑病病叶

［发病规律］ 该病菌主要以菌丝体或子囊壳在病组织内越冬。第二年春季随气温回升，遇雨产生子囊孢子或分生孢子，借风、雨或气流传播侵染叶片。一般5～6月开始发病，8～9月进入发病盛期。发病程度与树势强弱、降水量、果园立地条件和大樱桃品种有关。树势弱、降水量大而频繁、地势低洼、排水不良、树冠郁闭、通风透光差的果园发病重。

［防治技术］

①栽植抗病品种，多施有机肥，增施磷、钾肥以提高树势。②秋末或早春彻底清扫落叶，集中深埋。干旱时应注意及时浇水；雨季应注意及时排水，以防止湿气滞留。③药剂防治。自樱桃谢花后7～10天开始，每隔10～14天喷洒一次杀菌剂，药剂可选用50%异菌脲可湿性粉剂1 500倍液、43%戊唑醇悬浮剂3 000倍液、40%氟硅唑水乳剂4 000倍液、50%咪鲜胺乳油2 000倍液、70%代森锰锌可湿性粉剂600倍液和72%福美锌可湿性粉剂500倍液，不同类型的杀菌剂交替使用。

樱 桃 炭 疽 病

樱桃炭疽病由盘长孢菌属的真菌 *Gloeosporium laeticolor* Berk. 侵染所致，常造成早期落叶和果实腐烂，影响树体生长、果实产量和品质。

樱桃炭疽病病枝及病叶

樱桃炭疽病病叶

樱桃炭疽病病果

［症状］病菌主要为害叶片、新梢和果实。叶片被害后，病斑初为茶褐色，后变为中央灰白色的圆形病斑。果实被害后，幼果病斑呈暗褐色，果实萎缩硬化，发育停止；成熟果病斑凹陷，呈茶褐色，以后病斑上形成带有黏性橙黄色孢子堆。新梢受害，病斑凹陷，呈茶褐色，潮湿时病斑上形成带有黏性橙黄色孢子堆。晚熟品种，果实成熟前7 ~ 10日发病较重；早熟品种，果实发病较轻。

［发病规律］该病菌以菌丝体或分生孢子器在枝梢、落叶、果实的病组织内越冬。春天樱桃发芽展叶后，遇雨产生大量分生孢子，借风雨和昆虫传播。最早5月即可侵染发病，6 ~ 8月为侵染及发病盛期。发病的早晚和轻重，取决于当地降雨时间的早晚和阴雨天气持续的长短。降水量多或阴雨连绵，田间空气相对湿度大易发病严重。

［防治技术］

①及时清园。及时摘除病果、清扫落叶、剪除病枯枝，并结合翻耕埋入地下，以减少侵染菌源。②加强栽培管理。增施农家肥，增强树势，提高植株的抗病能力。③药物防治。樱桃谢花后7 ~ 10天开始，每10 ~ 14天喷一次杀菌剂，药剂可选用50%嘧菌酯水分散粒剂2 000倍液、80%多·福·锌可湿性粉剂700倍液、70%甲基硫菌灵可湿性粉剂800倍液、50%多菌灵可湿性粉剂600倍液、43%戊唑醇悬浮剂3 000倍液、70%代森锰锌可湿性粉剂600倍液、72%福美锌可湿性粉剂500倍液。该病害最好与樱桃褐斑病结合在一起防治。

樱 桃 黑 斑 病

樱桃黑斑病由交链孢菌属的真菌 *Alternaria cerasi* Potebnia 侵染所致，在我国樱桃主产区发生较为普遍。还可为害桃、梅、李及榆叶梅等，造成叶片干枯早落。

［症状］病菌主要为害叶片，也侵染果实和嫩梢。幼叶被害后，病斑初为紫褐色，随后变为褐色不规则形直径为1 ～ 4毫米的病斑，后期病斑干枯收缩，周缘产生离层，病斑脱落形成褐色穿孔，边缘不太清晰。老叶片被害后形成焦枯症状。果实被害后常在成熟期发病，在果面上形成大黑斑，其上生有黑色霉层，为病菌的分生孢子梗和分生孢子。

樱桃黑斑病病叶

［发病规律］该病菌以菌丝体或分生孢子盘在枯枝、芽鳞、落叶中越冬。翌年5月中、下旬开始侵染初展叶片和嫩枝，6 ～ 9月为发病盛期。病菌借风、雨或昆虫传播，不断再侵染新的叶片。雨水是病害

流行的主要条件，降雨早而多的年份，发病早而重。低洼积水处，通风不良，光照不足，肥水管理不当等因素有利于黑斑病发生。

樱桃黑斑病病枝和病叶

樱桃黑斑病病果

［防治技术］

①栽植抗病品种，增施磷、钾肥和有机肥以提高树势。②秋末或早春彻底清除病落叶，剪除病枝，集中深埋。干旱或雨季应注意及时浇水和排水，防止湿气滞留。③谢花后5～7天开始，每10～14天喷一次50%异菌脲可湿性粉剂1 500倍液，或43%戊唑醇悬浮剂3 000倍液，或10%多抗霉素可湿性粉1 200倍液，或50%腐霉利可湿性粉剂1 500倍液，或70%代森锰锌可湿性粉剂600倍液。

樱 桃 灰 霉 病

樱桃灰霉病由灰葡萄孢属的一种真菌 *Botrytis cinerea* Pers. 侵染引起，设施栽培果树受害最重，主要为害樱桃花序、叶片、幼果和嫩梢。

〔症状〕病菌首先侵害花瓣，特别是即将脱落的花瓣，然后

樱桃灰霉病病果初期（上）和后期（下）

樱桃灰霉病病叶

是叶片和幼果。受害部位首先表现为褐色油渍状斑点，以后扩大呈不规则大斑，其上产生灰色毛绒霉状物；果实受害后变褐坏死腐烂，病部褐色并稍凹陷，然后着生毛绒霉状物，最后软化腐烂干缩。

［发病规律］灰霉病菌以菌核、菌丝体或分生孢子在病残体内越冬。第二年春季产生分生孢子，借气流、雨水、昆虫传播。病菌生长适温为15 ～ 20℃。露地栽培条件下，花期或果实近

成熟期遭遇低温、阴雨有利于发病。但若在保护地栽培，因棚内湿度过大、通风不良、温度较低和光照不足，极易发生此病，且流行迅速。在棚栽环境下，扣棚后病菌即可繁殖蔓延，由气流和雾水传播，发病时期是在末花期至揭棚前。

[防治技术]

①合理修剪，保持果树通风透光良好。保护地栽培的樱桃树，应及时通风换气，降低棚内湿度，创造不利于病害发生的条件。②清扫地面落叶、落果，集中深埋，以消灭越冬菌源。③樱桃树发芽前（芽萌动期），全树均匀喷布4 ~ 5波美度石硫合剂，铲除在枝条上越冬的菌源。

在自然露天栽培条件下，从花脱萼期开始，每隔10 ~ 14天喷布一次50% 腐霉利可湿性粉剂1 500倍液，或50%异菌脲悬浮剂1 000倍液，或70%代森锰锌可湿性粉剂700倍液，或70%甲基硫菌灵可湿性粉剂800倍液。

在保护地栽培条件下，从出芽展叶开始，每隔7 ~ 10天喷布一次上述药剂。大棚内灰霉病侵染发生期，可用烟雾剂熏蒸大棚，即每亩*大棚用10%腐霉利烟雾剂400克。在树的行间分10个点燃烧，封棚2小时以上再通风。

樱 桃 褐 腐 病

樱桃褐腐病由子囊菌核盘菌属的一种真菌 *Monilinia fructicola*（Wint.）Rehm. 侵染引起，是低温阴雨和保护地栽培

* 亩为非法定计量单位，15亩 = 1公顷。全书同。

条件下的重要病害。

［症状］病菌主要为害樱桃花和果实，引起花腐和果腐，也可为害嫩叶和新梢，使其变褐腐败。花器受害渐变成褐色，直至干枯，后期病部形成一层灰褐色粉状物；幼果从落花后10天左右开始发病，果面上形成浅褐色小斑点，逐渐扩大为黑褐色，果实不软腐；成熟果发病，初期果面产生浅褐色小斑点，迅速扩大，引起全果软腐。少数病果脱落，大部分腐烂失水，干缩成褐色僵果悬挂在树上。嫩叶受害后变褐萎蔫。枝条受害，一般是由感病的花柄、叶柄蔓延到枝条发病，形成灰褐色溃疡病斑，初期易流胶。

图12　樱桃褐腐病病果

［发病规律］病菌一般在病僵果和枝条的病部组织上越冬，春季形成子囊孢子和分生孢子，借风雨和昆虫传播，由气孔、皮孔、伤口处侵入。樱桃自开花到成熟期间都能发病。花期遇阴雨天气，容易产生花腐；果实成熟期多雨，裂果严重，发病重。晚秋季节容易在枝条上发生溃疡。

在保护地栽培时，因棚内湿度过大、通风不良、温度较低和光照不足，极易发生此病，且流行迅速。在棚栽环境下，扣棚后病菌即可繁殖蔓延，由气流和雾水传播，发病的时期是在末花期至揭棚前。

［防治技术］

①合理修剪，保持果树通风透光良好。保护地栽培的樱桃树，应及时通风缓气，降低棚内湿度，创造不利于病害发生的条件。②清扫地面落叶、落果，集中深埋，以消灭越冬菌源。③樱桃树发芽前（芽萌动期），全树均匀喷布4 ～ 5波美度石硫合剂或1 ：1 ：100波尔多液，铲除在枝条上越冬的菌源。

在自然露天栽培条件下，从花脱萼期开始，每隔10 ～ 14天喷布一次50%腐霉利可湿性粉剂1 500倍液，或50%异菌脲悬浮剂1 000倍液，或43%戊唑醇悬浮剂3 000倍液，或40%菌核净可湿性粉剂800 ～ 1 000倍液，或70%甲基硫菌灵可湿性粉剂800倍液，或50%多菌灵可湿性粉剂600倍液，或50%苯菌灵可湿性粉剂700倍液。

在保护地栽培条件下，从出芽展叶开始，每隔7 ～ 10天喷布一次上述药剂。大棚内褐腐病侵染发生期，可用烟雾剂熏蒸大棚，即每亩大棚用10%腐霉利烟雾剂400克，在树的行间分10个点燃烧，闭棚2小时以上再通风。

樱桃树侵染性流胶病

樱桃树侵染性流胶病，即真菌性流胶病，是由子囊菌 *Botryosphaeria berengeriana* de Not 侵染所致。主要为害樱桃、桃、李、杏等核果类果树，以樱桃和桃发病最重。

［症状］发病部位多在主枝和主干，嫩梢顶端也可受害。枝

樱桃树侵染性流胶病病枝

干受害后，侵染点环绕皮孔出现凹陷病斑，下部皮层变褐坏死，从中渗出胶液。初期流出的树胶呈胶冻状，为半透明、淡黄色，进一步变深褐色，最后变为坚硬的琥珀色胶块。发病部位的皮层腐烂，呈褐色。如果枝干出现多处流胶，或者病疤环绕枝干一周将导致以上部位死亡。

［发病规律］病菌以菌丝体、子座和分生孢子器在病部越冬，并可在病枝上存活多年。分生孢子靠雨水分散、传播，萌发后从皮孔或伤口侵入。土壤瘠薄、肥水不足，特别是有机肥料不足；地下水位高、土壤板结不渗水，或不易排水的低洼地；因负载量过大造成树势衰弱等，上述因素均利于流胶病的发生。另外，老樱桃树刨除后，在原地块新植樱桃树常生长不良（称再植病、重茬病），流胶病发生较重。樱桃流胶病从春天到秋天都会发生，雨后病情加重。树龄越大，树势越衰弱，流胶越重。

［防治技术］防治流胶病应采取以加强栽培管理，增强树势为主，以清除菌源、化学防治为辅的防治措施。

①合理选址建园。选择地势高、透水性好的沙质壤土地建园。提倡起垄高畦栽培模式，即将樱桃树栽植在垄背高端。不在刨除核果类果树的地块继续栽植樱桃树。②提高树体抗病性。增施有机肥，壮树势。合理负载，根据树势确定结果量。生长季节适时追肥浇水。土壤瘠薄、沙石多的樱桃园要逐年扩坑改土，以使樱桃树生长健壮。③改善环境抑制发病。冬季修剪时将树上病枯枝剪除，从而减少流胶病菌的侵染来源。注意保护树体，防止冻害、日灼、虫害、机械损伤等造成伤口。调控田间水分，防止过旱、过涝及田间积水，雨后应及时排水，增强土壤的通透性。④化学防治。樱桃树芽萌动前，全树喷布5波美度石硫合剂，可铲除树皮浅层流胶病菌。发现流胶的部位，先将外部老皮刮除，再涂70%福美锌可湿性粉剂80倍

液，或5波美度石硫合剂治疗。樱桃树生长期间，在喷药防治果实和叶片病害的同时喷布枝干，可兼治樱桃树流胶病。此期喷药以43%戊唑醇悬浮剂3 000倍液、70%甲基硫菌灵可湿性粉剂800 ～ 1 000倍液、50%多菌灵可湿性粉剂800倍液为主，对防治流胶病的效果较好。

樱桃树枝枯病

樱桃树枝枯病由拟茎点霉属的 *Phomopsis mali*（Schultz et Sacc.）Rob. 侵染所致，主要为害枝干。江苏、浙江、山东、河北樱桃产区均有发生，造成枝条大量枯死，影响树势。

［症状］发病部位初期为红褐色水渍状病斑，后期变为黑褐

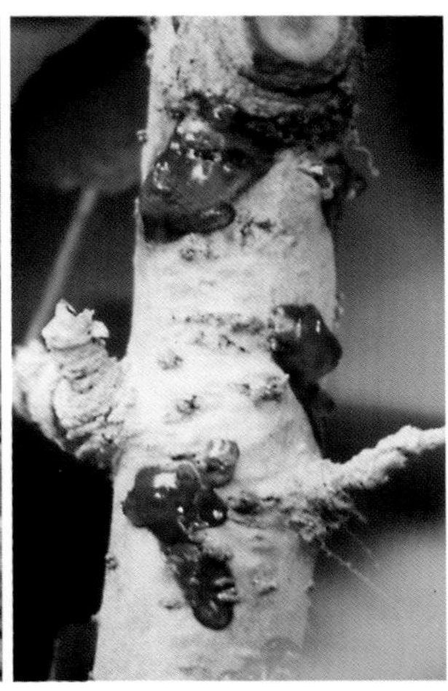

樱桃树枝枯病病枝

樱桃树枝枯病病树

色稍微凹陷的干疤。疤上密生小粒状突起，即病菌的子座和分生孢子器。病情严重时，病斑环绕枝干一周，造成病斑上部死亡。

［发病规律］病菌以子座或菌丝体在病部组织内越冬。温湿度条件适宜时产生大量分生孢子，借风雨传播，侵入枝条。以后新老病部又产生分生孢子，进行多次再侵染，致该病不断扩展。3～4年生樱桃树受害较重。

［防治技术］

①选择地势高、透水性好的沙质壤土地建园，土壤瘠薄、沙石多的樱桃园要逐年扩坑改土。不在刨除核果类果树的地块继续栽植樱桃树。增施有机肥，生长季节适时追肥浇水，以促使樱桃树生长健壮，增强树体抗病能力。②冬季修剪时将树上病枯枝剪除，减少病菌的侵染来源。注意保护树体，防止冻害、日灼、虫害、机械损伤等造成伤口。调控田间水分防止大旱、大涝及田间积水，雨后应及时排水。③化学防治。参考樱桃树侵染性流胶病。

樱桃树腐烂病

樱桃树腐烂病又名樱桃树干枯病，由子囊菌亚门樱桃黑腐皮壳［*Valsa prunastri*（Pers.）Fr.］侵染所致。是危害性较大的一种枝干病害，全国各地均有发生。病菌除为害樱桃外，也可为害桃、李、杏等其他核果类果树。

［症状］病菌主要为害樱桃树的主干和主枝，使树皮腐烂，导致枝枯或死树。樱桃树被害后，初期症状比较隐蔽，一般表现为病部稍陷，外部可见米粒大小的流胶。胶点下的树皮腐烂、湿润，呈黄褐色，并有酒糟气味。病斑后期干缩凹陷，表面生钉头状灰褐色的小突起，此为病菌的子座。如撕开表皮可见许多呈眼球状，中央黑色，周围有一圈白色菌丝环的小突起。空气潮湿时从中涌出黄褐色丝状物，此为病菌的分生孢子角。

樱桃树腐烂病病干初期（左）和后期（右）症状

［发病规律］腐烂病菌属弱寄生性菌，在衰弱和垂死的树皮上发病扩展快，对树势健壮的樱桃树为害能力很弱。病菌以菌丝体、子囊壳及分生孢子器在树干病组织中越冬。第二年3～4月分生孢子器吸水后，分生孢子从孔口挤出，经雨水溶散后，借风雨和昆虫传播。萌发的分生孢子从树干（枝）伤口或皮孔侵入，冻害造成的伤口是病菌侵入的主要途径。侵入后的菌丝体在树皮与木质部之间消解细胞中胶层，分泌毒素杀死附近细胞。树皮受病菌刺激后在形成层和皮层之间形成大量的胶质孔隙，当胶质增多，胶孔联合，树皮裂开时，病部常发生流胶现象。病斑春、秋两季扩展较快，11月则逐渐停止扩展，翌年3～4月再行活动，5～6月是病害发展的高峰期。冻害是发病的主要诱因。凡是降低樱桃树抗寒性的因素，如负载量过大、施用速效氮肥过多等，都可诱发腐烂病大发生。地势低洼、土壤黏重、雨季排水差等不利于樱桃树生长的条件，都可降低树体对病菌的抵抗能力。

［防治技术］

①加强栽培管理，多施磷、钾肥及有机肥料，增强树势。春季注意防旱，雨季及时排涝。②保护树干。晚秋用石灰浆将树干涂白，或在树的主干枝上缠草绳，以防冻、防虫、防止机械损伤，可减轻腐烂病的发生。③刮治病斑。樱桃树腐烂病初期症状不易察觉，早春要细心查找，发现后先用快刀将病斑刮除，再用70%甲基硫菌灵可湿性粉剂或70%福美锌可湿性粉剂50倍液涂抹伤口。应注意，樱桃树易流胶，所以在刮除病斑涂药治疗后，还必须另涂植物或动物油脂等伤口保护剂。

樱桃树木腐病

樱桃树木腐病，又叫心腐病，是老樱桃树上普遍发生的一种病害，主要由担子菌亚门真菌 *Polyporus* spp.、*Schizophyllum commune* Fries、*Fomes fulvus*（Scop.）Gill.、*Poria vaillantii*（DC. ex Fr.）、*Cookeoriolus versicolor*（L.:Fr.）侵染所致。病菌除为害樱桃外，也可为害苹果、桃、李、杏等其他树木。

［症状］本病主要为害樱桃树的木质心材部分，使心材腐朽。腐朽的心材白色疏松，质软而脆。受害树的外部主要症状是在锯口、虫口或其他伤口处长出马蹄状或圆头状的子实体（病菌的繁殖体）。子实体有三种：①半圆伞形，菌伞上有轮纹，无菌褶，坚硬新鲜时乳白色，后变黄褐色。②子实体为半圆形扇状菌伞，周缘向下弯曲，有菌褶，灰白色，可以有千层菌状。③子实体为多孔菌，似一层黄白色涂料包埋病部。

［发病规律］病菌在受害树的枝干上长期存活，以子实体上产生的担孢子随风雨飞散传播，经锯口、蛀口及其他伤口侵入。老树、弱树发病较重，大的难以愈合的锯口处易受害发病。

［防治技术］

①加强对蛀干害虫的防治。桃红颈天牛、吉丁虫为害所造成的伤口是病菌侵染的重要途径，减少其为害所造成的伤口，可减轻病害的发生。②对锯口涂药保护。可用1%硫酸铜或波尔多浆消毒，或43%戊唑醇悬浮剂500倍液与建筑涂料混合成糊状涂抹锯口，可以减轻病菌的侵染。③铲除病原。发现病死树要及时刨除烧毁。一经看到病树上产生的子实体应立即削除，

并用43%戊唑醇悬浮剂500倍液与建筑涂料混合成糊状涂抹伤口。削下的子实体应带到园外集中烧毁。

樱桃树木腐病枝干

樱桃树细菌性根癌病

樱桃树根癌病由土壤杆菌属的一种细菌 *Agrobacterium tumefaciens*（Smith et Towns）Conn. 侵染所致，全国各地均有发生。病菌除为害樱桃外，还能为害苹果、梨、葡萄、李、杏、桃等多种果树。

［症状］樱桃树根受根癌病菌侵染后形成根瘤。主要发生在根颈部，也发生于侧根和支根，而以嫁接口处较为常见。癌瘤形状、大小、质地因寄生部位不同而异，小的如豆粒，大的如核桃和拳头，或更大。初生癌瘤乳白色或略带红色、光滑、柔软。以后逐渐变褐色至深褐色，木质化而坚硬，表面粗糙或凹凸不平。苗木受害，发育受阻，生长缓慢，植株矮小，严重时叶片黄化、早衰。成年树受害后树势弱，果实变小，寿命缩短。

［发病规律］病菌在癌瘤组织的皮层内，或在癌瘤破裂时进入土壤越冬，在土壤中能存活1年以上。病菌通过伤口侵入，从侵入到显现病瘤一般需几周以上时间。

雨水和灌溉水是传病的主要媒介。地下害虫如蛴螬、蝼蛄、线虫等也可传播。苗木带菌是远距离传播的主要途径。温度、湿度是病菌进行侵染的重要条件，适宜的温度为22℃左右。土壤为碱性有利于发病，酸性土壤对发病不利。黏重、排水不良的土壤发病重，而土壤疏松、排水良好的沙质壤土发病轻。

嫁接口的部位、接口大小以及愈合的快慢均能影响发病程度。在苗圃中，切接苗木伤口大，愈合较慢，加之嫁接后要培土，伤口与土壤接触时间长，染病机会多，因此发病率较高；

樱桃树细菌性根癌病病根

而芽接苗木，接口在地表以上，伤口小，愈合较快，则很少染病。

［防治技术］

①苗木一旦感染病菌，将终生带病。老果园，特别是细菌性根癌病较重的果园不能作为育苗基地。嫁接苗木最好采用芽接法，使接口上移，以避免伤口接触土壤。提倡起垄栽培，减轻病菌随水传播。及时防治地下害虫，减少染病机会。碱性土

壤应适当施用酸性肥料或增施有机肥，以提高土壤的酸度值，使之不利于病菌生长。②苗木出圃时要认真检查，发现病苗应予淘汰。苗木定植前，对接口以下部位，用1%硫酸铜液浸5分钟，再放入2%石灰水中浸1分钟。定植后的果树上发现癌瘤时，先用快刀切除癌瘤，再用1 ∶ 1 ∶ 100的波尔多浆，或1 000万单位的链霉素1 000倍液涂抹切口，外加凡士林保护。③生物免疫。用生物制剂根癌灵（K84，*Agrobacterium* sp.菌的发酵产物）防治樱桃树细菌性根癌病。根癌灵是一种根际弱寄生细菌，能在根部生长繁殖，通过拌种、蘸根、涂抹等施药方法，使该菌抢先占领根癌病菌侵入部位，对植物实施免疫。因此，K84是一种生物保护剂，只在病菌侵入前使用才能获得良好的防治效果。

樱桃树烂根病

引起樱桃树烂根的病害主要有白绢病、白纹羽病、紫纹羽病、圆斑根腐病和根朽病等。这些病害发生后，引起根茎腐烂，造成全树枯死。病菌除为害樱桃外，还能侵害苹果、梨、杏、桃、杨柳和榆树等。

［症状］五种根部病害在发生初期时地上部症状不明显。后期一般表现为树势显著衰弱，叶片变小，叶色褪绿变黄。苗木期染病，往往当年就会死亡；大树染病，则需经一、二年或数年才死去。五种根部病害的地下症状如下：

（1）白绢病。由担子菌亚门真菌*Pellicularia rolfsii*（Sacc.）West.（无性时期为半知菌亚门真菌 *Sclerotium rolfsii* Sacc.）侵

染所致。主要发生于靠近地面的根颈部，故称茎基腐病。发病初期呈现水渍状褐色的病斑，表面形成白色菌丝体，根颈覆盖着如丝绢状的白色菌丝层，故名白绢病。在潮湿条件下，菌丝层能蔓延至病部周围的地面。后期在病部或附近的地表裂缝中长出许多棕褐色的或茶褐色的油菜籽状的菌核，植株的地上部逐渐衰弱死亡。

（2）白纹羽病。由子囊菌亚门真菌*Pellicularia rolfsii*（Sacc.）West.侵染所致。初发病时细根霉烂，以后扩展到侧根和主根。病根表面缠绕有白色的或灰白色的丝网状物，即根状菌索。后期霉烂根的柔软组织全部消失，外部的栓皮层如鞘状套于木质部外面。有时在病根木质部结生有黑色圆形的菌核。地上部近土面根际出现灰白色或灰褐色的绒布状物，此为菌丝膜，有时形成小黑点，即病菌的子囊壳。

（3）紫纹羽病。由担子菌亚门真菌*Helicobasidium mompa* Tanaka侵染所致。根系霉烂情况与白纹羽病相似，但病根表面缠绕有紫红色的丝状、网状物及绒布状物。前者为根状菌索，后者为菌丝膜。在腐朽的根部，有时还可以看到半球形、紫红色的菌核。

（4）根朽病。由担子菌亚门真菌*Armillariella tabescens*（Scop. ex Fr.）Sing.侵染所致。主要为害根颈部及主根，也可为害支根。病部的主要特点是皮层内、皮层与木质部之间充满白色至淡黄色的扇状菌丝层。病组织具有浓厚的蘑菇味或病组织在黑暗处发出蓝绿色的荧光。发病初期仅皮层溃烂，后期木质部亦腐朽。樱桃树得此病，根腐烂以后树即死亡。高温多雨季节，在阴暗潮湿的病树根颈部位，或露出土面的病根上，常有丛生的蜜黄色蘑菇状子实体长出。

（5）圆斑根腐病。主要由真菌尖镰孢（*Fusarium oxysporum* Schl.）、腐皮镰孢［*Fusarium solani*（Mart.）App. et Wollenw.］

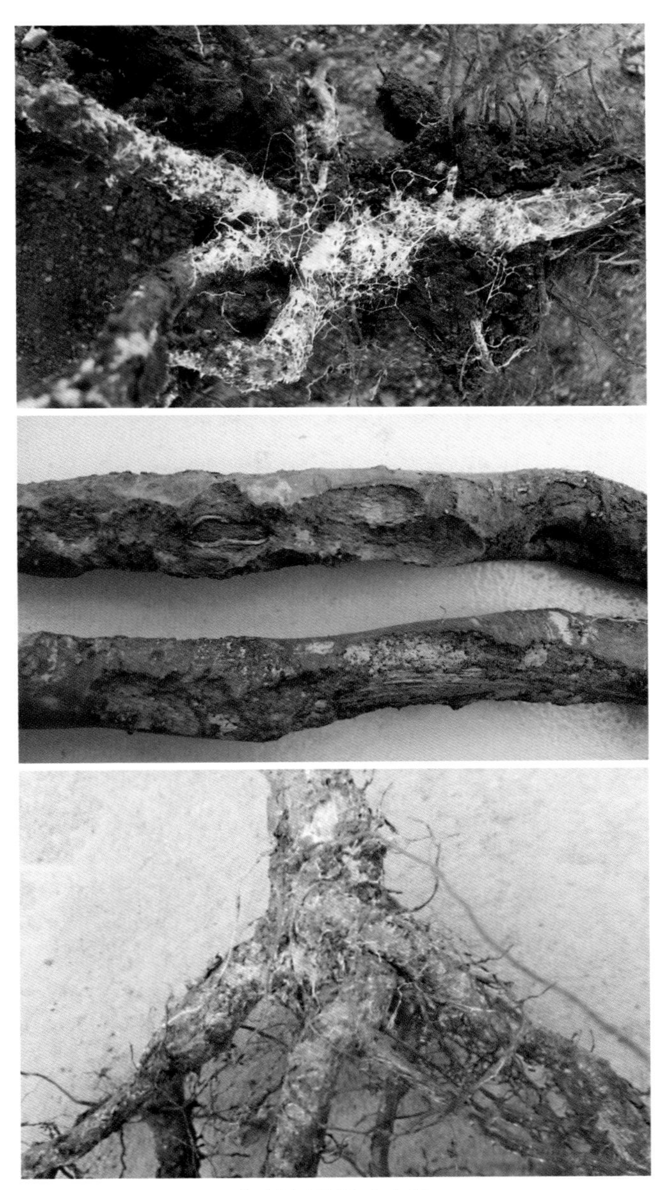

樱桃树烂根病病根

和弯角镰孢（*Fusarium camptoceras* Wollenw. et Reink.）侵染所致。病树的须根最先变褐枯死，逐渐蔓延到小根，围绕须根基部形成红褐色的圆斑。病斑进一步扩大，互相融合，深达木质部，整段根即变黑死亡。病变由须根、小根逐渐向大根蔓延。在病害发展过程中，病根反复形成愈伤组织和产生新根，致使病健组织交错，表面凹凸不平，呈现本病特有的根部症状。

［发病规律］

（1）白绢病菌以菌丝体在病树根颈部或以菌核在土中越冬。菌核是白绢病菌传播的主要形态，它可以通过灌溉水、农事操作及苗木移栽时传播。病菌从根颈部伤口或嫁接处侵入，造成根颈部的皮层及木质部腐烂。

（2）白纹羽和紫纹羽病菌以菌丝体、根状菌索或菌核随着病根遗留在土壤里越冬。环境条件适宜时，由菌核或根状菌索上长出营养菌丝，首先侵害果树新根的柔软组织，被害细根软化腐朽以至消失，后逐渐延及粗大主根；白纹羽和紫纹羽病菌主要依靠病、健根的接触而传染，此外灌溉水和农具等也能传病。病菌的根状菌索能在土壤中存活多年，并能横向扩展，侵害邻近健根。三种病菌有时虽产生孢子，但传病作用不大。

（3）根朽病菌以菌丝体在病树根部或随病残体在土壤中越冬。病菌寄生性较弱，只要病残体不腐烂分解，病菌即可长期存活。病菌在田间扩展主要依靠病根与健根的接触和病残组织的转移。

（4）圆斑根腐病菌属的三种镰刀菌为土壤习居菌或半习居菌，在土壤中主要以腐生方式生活，致病力不很强。

上述几种病菌的寄主范围很广，除为害多种果树外，有些林木也能被害，故旧林地改建的果园，发病常严重。刺槐是紫

纹羽病菌的重要寄主，接近刺槐的果树，易发生紫纹羽病。土壤高湿对发病有利。所以，排水不良的果园和苗圃发病较重。土壤有机质缺乏，树势衰弱，定植过深或培土过厚，耕作不慎伤害根部较多的果园发病较重。

［防治技术］

（1）做好果园的开沟排水工作，雨后要及时排除积水，抑制病菌生长蔓延。提倡起垄高畦栽植果树。

（2）增施有机肥和生物菌肥，可促进土壤中抗生菌的繁殖以抑制病菌的生长，并使果树根系生长旺盛，以提高抗病力。

（3）苗木定植时，接口不能埋在土表下，以防土壤中的白绢病从接口处侵入。

（4）紫纹羽病往往通过刺槐传播到果园，故用刺槐作防护林的果园，应注意挖沟，防止刺槐进入果园，对已进入果园的刺槐根，应彻底挖除；新建立的果园，不要用刺槐作防护林。

（5）果园内不要间作感病植物。白绢病、白纹羽病、紫纹羽病除为害多种果树外，还能侵染甘薯、马铃薯和大豆等；白绢病菌还能侵害瓜果类及茄科等多种蔬菜。所以，果园内不应间作上述作物，以防相互传染。

（6）果园初见病株，可以开沟封锁。即在病树周围开沟，避免病根与邻近果树健根接触，防止病害蔓延。

（7）白绢病发生较重的树，由于根颈部树皮大部腐烂，治疗后树势恢复较慢，可以在早春于被害根颈的上部桥接新根，或于病树的旁侧定植抗病性强的砧木，进行靠接，促使树势恢复。

（8）化学防治。应经常检查树体地上部的生长情况，如发现果树生长衰弱，叶形变小或叶色变黄等症状时，应立即扒开根部周围的土壤进行检查。确定根部有病后，根据病害种类进行不同的处理。如是烂根病，则应将已霉烂的根切除，再浇施药液或撒施药粉。切除的霉根及病根周围扒出的土壤，同样要携带出园外，并换上无病新土，应用的药剂种类及浓度如下：

①防治白绢病、圆斑根腐病，可用70%甲基硫菌灵可湿性粉剂600倍液、50%苯菌灵可湿性粉剂500倍液、50%代森铵500倍液、50%异菌脲可湿性粉剂500～800倍液。大树每株灌注药液30千克左右，小树用药量酌情减少。同时添加生根剂，促使发新根。

②防治果树根朽病、白纹羽病和紫纹羽病，用43%戊唑醇悬浮剂2 000倍液，或5%己唑醇水乳剂1 500倍液灌浇根部周围土壤，具有良好的效果。

（9）选栽无病苗木及苗木消毒。苗木出圃时，要进行严格检查，发现病苗应予淘汰。对有染病嫌疑的苗木，可将根部放入50%多菌灵可湿性粉剂500倍液+ 43%戊唑醇悬浮剂2 000倍液药液中浸渍10分钟，然后栽植。

樱桃树病毒病

病毒是比真菌和细菌小很多的一类微生物，只有在电子显微镜下才能看到，对生产所造成的危害不亚于真菌和细菌。另外，还有一些病原微生物，如类菌原体、类立克次体、类病毒等，它们侵染核果类果树与病毒有许多共同特点，通常与病毒一并论述。到1996年已有记载的甜樱桃病毒多达40种，主要的种类有李属坏死环斑病毒（PNRSV）、李矮缩病毒（PDV）、苹果褪绿叶斑病毒（ACLSV）、樱桃锉叶病毒（CRLV）等。

［症状］病毒对核果类果树的为害是多方面的，归纳起来主要有以下几个方面：

（1）新梢生长、发芽、开花及果实成熟期延迟，许多芽坏死脱落，分枝枯死；枝条节间短而粗，双生芽数增多，叶片及新梢生长受到抑制，叶片呈莲座状着生，表现出黄化性状；叶片短而宽，皱缩不平，叶缘波浪状；叶色异常，表现为失绿、花叶、线纹；花瓣变色，皱缩变小，出现不规则的条纹、白斑或白线；果形不规则，具有凹陷或突起，缝隙合线处开裂，果核变形、肿胀。病果着色早，果核周围的果肉失色、味苦、难吃，果皮组织木栓化。

樱桃树病毒病病果

樱桃树病毒病病枝

樱桃树病毒病病叶

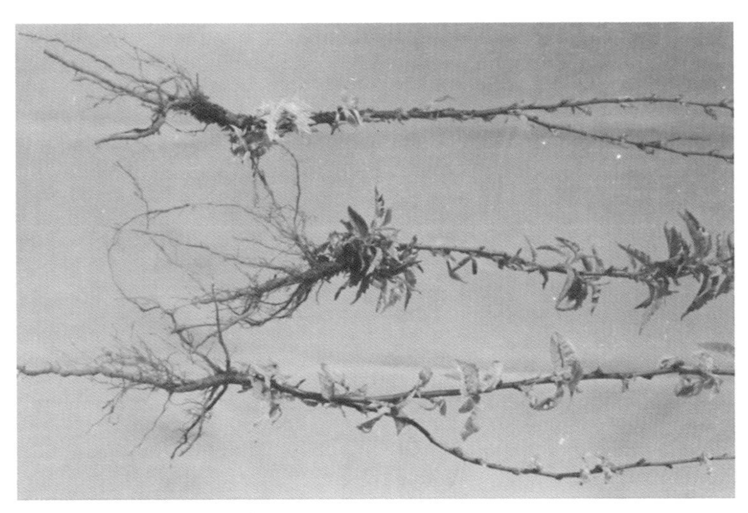

樱桃树病毒病病苗

还有的病毒病表现为黄叶卷曲型，即染病树叶片变黄，向上卷曲，叶缘焦枯，叶片出现枯死斑，常破碎，叶柄短，叶脉明显，落叶早。树体感病后从一个枝开始发病，自下而上发展。病树不结果或果实生长慢、质量差、易脱落。幼树患病，一年内死亡。

（2）病毒可影响树体生长、苗木嫁接成活率，甚至造成树体死亡。李属坏死环斑病毒与李属矮缩病毒，褪绿叶斑病毒与桃茎痘病毒复合侵染能引起樱桃树嫁接不亲合，嫁接处坏死等。

（3）病毒可影响果树的产量。一般来讲，在同样的栽培管理条件下，带病毒的要比健康树减产百分之几至几十。

（4）病毒可影响果品质量。染病果实的含糖量降低，果实内含酸和单宁量也相应改变。另外还有不少病毒使果个变小、果实畸形、易腐烂，从而降低了果实品质。

（5）病毒可使果树抗逆性降低。感染李属坏死环斑病毒的樱桃树，发生日灼病、流胶病、干枯病比健康树严重；蜜环菌根腐病发生率升高。感染X病毒的樱桃树抗寒性降低。

［发生特点］果树病毒病发病规律不同于真菌、细菌引致的病害。

樱桃树是多年生植物，同其他果树一样，靠营养体繁殖，因此樱桃树与其他果树病毒病害有相似之处，其发病特点如下。

（1）系统侵染性。果树被病毒侵染后全身带有病毒，称为系统侵染或全身感染。系统侵染是病毒病特有的现象，这与真菌和细菌病害是完全不同的。例如桃细菌性穿孔病，病菌只在受侵染的果实或侵染点产生病斑，未被侵染的果实和叶片依然是完好的。病毒则不同，只要病毒侵染树体的某一部位，迟早会扩展到全身，致使果树全身带毒。若从带毒树上剪取接穗繁殖苗木，苗木均带病毒。

（2）嫁接传染。几乎所有果树病毒都能通过嫁接传染，而且是主要传播途径。这完全不同于1年生作物的病毒病或真菌病。1年生作物感染病毒后，可通过种子、蚜虫、土壤线虫、株体间的摩擦传毒；果树病毒主要是通过嫁接传播。

（3）潜伏侵染。果树感染病毒后，病毒在树体内增殖并扩散到全身，树体却不表现明显的外部病状，这种病原物已侵入寄主，并与寄主建立起寄生关系而不表现症状的现象，称为潜伏侵染，这类病毒称为潜隐性病毒。由于果树病毒的潜隐性，使人们难以察觉和研究，这也是果树病毒日益迅速蔓延，造成严重危害的主要原因。

（4）混合侵染。混合侵染又称复合侵染，即由多种病毒同时侵染同一寄主植物。这种现象并非果树病毒病特有，其他植物病毒病也有这种情况。但是，果树与其他植物相比，病毒复合侵染的情况更多。这是因为果树是多年生植物，以营养体繁殖，受病毒侵染的机会较多；尤其是高接换头、繁殖接穗的过程中，只要砧木和接穗一方带毒，繁殖的材料就会带毒，这样就使得病毒在繁殖材料中不断累加。

［防治技术］

①果树一旦感染病毒则不能治愈，因此只能用防病的方法。首先先隔离毒源和中间寄主。发现病株要铲除，以免流行。对于野生寄主也应一并铲除。观赏的樱花是小果病毒的中间寄主，在甜樱桃栽培区尽量不要种植这种樱花。②要防治和控制传毒媒介。应从无病毒症状表现、生长健壮的树上采取接穗或种子繁育苗木。一是要避免用带病毒的砧木和接穗来嫁接繁殖苗木，防止嫁接传毒。二是不要用染毒树上的花粉来进行授粉。三是不要用种子来培育苗木，因为种子也可能带毒。四是要防治传毒的昆虫、线虫等，如康氏粉蚧、叶蝉、各类线虫等。③栽植无病毒苗木。要建立隔离区来发展无病毒苗木，建成原原种、原种和良种圃繁殖体系，发展优质的无病毒苗木。通过组织培养、利用无性扦插繁殖手段，繁殖脱毒樱桃良种砧木和接穗。

第二章　樱桃生理性病害

樱 桃 畸 形 果

樱桃畸形果属生理性病害，主要与上年花芽分化时的气候（如过度高温）条件有关。畸形果严重影响甜樱桃的外观品质，甚至失去商品价值，造成严重的经济损失。

［症状］樱桃畸形果主要表现为单柄联体双果、单柄联体三果。畸形果的花雌蕊柱头常出现双柱头或多柱头。

樱桃畸形果

［发病规律］樱桃花芽分化期，夏季异常高温是引起翌年出现畸形花、畸形果的原因。花芽分化对高温最敏感，此期间遇

到30℃以上的高温，翌年畸形果的发生率会大大增加。樱桃产区花芽生理分化期是在5月新梢停止生长后开始，7～8月进入花芽分化期，此时正是持续高温炎热的天气，最易引起花芽的异常分化形成双雌蕊花芽。

［防治技术］

①选择适宜的品种。据生产调查，大紫、红灯的畸形果率最高，红艳、宾库、那翁、红丰较低。②调节花芽分化期的温度。在花芽分化的温度敏感期，若遇高温天气，用遮阳网进行短期遮阳来降低温度和太阳辐射强度，可以有效减少双雌蕊花芽的发生，从而降低翌年畸形果的发生率。另外，利用设施栽培改变甜樱桃的生理生化变化，可以使花芽分化时期提前，从而避开夏季高温，也可达到减少畸形果发生的目的。③及时摘除畸形花、畸形果。由于畸形果的花在花期就表现为畸形，因此在樱桃开花期、幼果期发现畸形花、果，应及时摘除，节约树体营养，有利于正常果实膨大。

樱 桃 裂 果 病

樱桃裂果病属生理性病害。果实成熟期遇降雨容易发生，严重影响果实商品价值。

［症状］在大樱桃果实接近成熟时，遇雨或大水灌溉都会造成土壤湿度急剧变化，水分通过根系输送到果粒，果粒吸收水分后，使果肉细胞迅速膨大，胀破果皮，形成裂果。

［发病规律］樱桃裂果发生与品种特性、降水量、土壤条件、排灌条件有关。一般沙壤土裂果轻，黏土地裂果重。果面

樱桃裂果病病果

气孔大、气孔密度高，以及果皮强度低的品种（如大紫、水晶、宾库等）裂果重。果实含糖量高、苹果酸酶活性大的品种裂果较轻。果实采收前降水量大或大量灌水，会加重裂果。树体缺钙会导致裂果加重。

[防治技术]

①选择抗裂果的品种。在容易发生裂果的地区，可以选用拉宾斯、萨米特、雷佶娜、先锋、柯迪娅等较抗裂果的品种。根据当地情况，选用雨季来临已经成熟的早熟品种或中早熟品种，如红灯、芝罘红等。②建园时选择沙壤土地。沙壤土土质疏松、透气性良好、土质肥沃，能较好调节土壤含水量，从而减少裂果。③合理调节土壤水分。干旱时要及时灌水，尤其从樱桃膨大期开始，要使土壤保持在相对稳定且较高的含水量。果实开始着色后土壤不可过干过湿。起垄栽培，易于雨水流出园外，减少根系对水分的吸收，可明显降低裂果率。④叶面喷钙。钙能提高果皮韧性，促进细胞壁发

育，以此来提高果实的抗裂能力。在果实采收前，每隔1周喷1次0.3%的氯化钙液，连续喷3次，可减轻甜樱桃裂果。⑤架设防雨棚是防止裂果的最有效措施。另外，果园覆草或铺反光膜也可减少裂果的发生。

樱桃晚霜冻害

晚霜冻害已成为目前大樱桃生产中的一大障碍。早春生长点萌动较早的果树，易遭受霜害，如桃、杏、樱桃、李、梨、苹果、核桃等果树。

［症状］果树芽受到霜冻为害后颜色变成褐色或黑色，鳞片松散，不能萌发。在开花期遇到低温即发生冻花，花器受冻后呈水渍状，花瓣变色脱落，雌蕊变褐、变黑。幼叶受晚霜危害，叶缘变色，叶片发软，甚至萎蔫干枯。

樱桃花期晚霜冻害

［发生规律］霜冻一般可分为3种类型：①辐射霜冻。这种霜冻延续的时间短，一般只

是早晨几个小时，使局部果园气温下降到−1 ～ −2℃。因持续时间短，危害较小，较易预防。②平流霜冻。由强大寒流侵袭而导致果园温度降至−3 ～ −7℃，甚至可达−10℃。这种霜冻涉及范围大，一般防霜措施效果不大。③混合霜冻。上述两类霜冻同时发生，危害最重。

冻害程度与地势有关。山谷、低洼、盆谷地霜冻重，向阳山坡、通风平地和地势高的园片轻；山前和村前的果园冻害轻，山后和村后的果园冻害发生重。大樱桃树体的垂直受害差异为树冠下部重，上部轻；树冠中下部的结果大枝背上的花果受冻重，背下的受冻轻。大樱桃品种间的抗冻程度也有差异。肥水不合理、以氮肥和速效肥为主、树体旺长和肥水不足、生长弱的树受冻害严重；反之，果园管理水平高、多施有机肥和专用肥、修剪负载合理、生长健壮的树受冻轻。霜冻前不浇水或干旱的果园冻害重，浇水的果园冻害轻。防护林可降低风速，增加大气湿度，改善小气候。果园周围有防护林的霜冻发生轻；没有防护林的发生重；防护林迎风面发生重；背风面发生轻。

[防御措施]

(1) 选择适宜园址。经常发生霜冻的地区，建园要选择背风向阳（或半阴坡）、地势平缓、土肥水条件较好的地段，避开谷底、盆地和低洼地。同时要根据路、林、田、园布局，科学规划，营造防护林网。

(2) 选用优良砧木和品种。选用萌芽和开花期较晚，抗霜冻能力强的优良砧木和樱桃品种，并注意搭配授粉树，以适应低温环境，避开晚霜期，预防冻害发生。据报道，酸樱桃CAB砧木能延迟开花期。实践证明，红灯、雷尼、佐藤锦及乌克兰系列1号、3号、4号樱桃品种较抗霜冻。

(3) 采取措施延迟樱桃发芽。春季开花前果园灌水，可降

低地温，推迟物候期2 ～ 4天；大樱桃发芽前，枝干喷布50倍石灰乳，可延迟萌芽和开花3 ～ 5天；在花芽萌动期，树冠喷布20 ～ 40毫克/升赤霉素，能打乱树体内源激素平衡，延迟开花期，避免或减轻晚霜危害。

（4）加强土肥水管理，促进树体健壮。秋季增施有机肥和优质果树专用肥，肥后灌水；生长季根外喷施优质叶面肥，以促使树体生长健壮，增加储备营养，对预防和减轻霜冻有一定效果。

（5）做好树体管理。合理整形修剪，科学疏花留果，及时防治病虫，全面增强树体抗性。

（6）树盘覆草以保温。用玉米秸秆、麦草、树叶和杂草等覆盖树盘，既可保墒提湿，又能阻隔冷空气入侵，对保持和提高地温，防止和减轻霜冻效果明显。

（7）霜前采取措施防冻。春季注意当地气象部门的天气预报，在霜冻出现之前，进行人工防霜，可采取熏烟、喷水、灌水等措施。熏烟不仅能提高果园气温2 ～ 4℃，还可通过产生的烟幕阻止地面热量的散发而使果园气温下降速度减缓，避免霜冻。具体做法为，在大樱桃园的地头和行间堆放潮湿的杂草、作物秸秆、锯末等可燃物（一般每亩5 ～ 8堆），利用干草等引燃，使其大量发烟，但不要出现明火。燃烧位置应在上风口，使产生的烟雾随风进入樱桃园，可有效防止霜冻。也可自制烟雾剂（硝酸铵：废柴油：锯末＝2.5 ：1 ：6.5）熏烟，即将硝酸铵研细，与锯末、柴油混合拌匀，装入桶内点燃。为了能及时有效地预防霜冻，又不浪费燃料，燃堆的布置和点火时间应以气象预报和实际观测为依据，一般霜冻高峰发生在夜间0 ～ 5时，在高峰前点燃效果最佳。如燃料充足，自霜冻当日晚8时到翌日日出前5 ～ 6时熏烟，则效果更好。树体喷水是在霜冻前或霜冻始期向大樱桃树上喷水，水的比热大，在凝结过程中可以释放出大量热，从而减轻霜冻。但气温过低，不可喷水，因低温持续时间长，喷水易结冰，反而加重冻害。地面灌水与喷水防霜道理一样，只不过是在霜冻前地面大量灌水，利用水的大比热释放出热量，减轻或防止霜冻。

（8）霜冻后及时采取补救措施。①对受冻的大樱桃树，灾后喷施1～2次（间隔5～7天）杀菌剂和叶面肥，以迅速补充营养，修复伤害，提高坐果率，促进幼果发育，减少病菌感染。②充分利用晚茬花，抓好授粉（重点放蜂），增加果量。③待受冻伤花、果、枝、叶恢复稳定后，及时进行复剪。将冻伤严重不能自愈的枝叶和残果剪掉，将影响光照的密挤枝、徒长枝疏除，旺梢摘心。以改善光照，节约养分，促进果实发育。④对霜害严重、坐果少、长势旺的园片或单株，喷布1～2次200～300倍PBO，控制旺长，稳定树势。⑤冻后追施适量优质专用肥或速效肥，促进树体及早恢复。⑥适当晚疏果，留好果，提高果品质量，弥补霜冻损失。

樱桃缩果病（缺硼症）

缩果病是由土壤中缺少樱桃生长发育所需的硼元素而引起的生理性病害。硼元素能促进果树花芽分化和花粉管生长及子房发育，增加果实中维生素和糖分含量，提高果实品质；还能促进根系生长发育，增强树体抗病力，提高坐果率和产量。

［症状］ 樱桃树缺硼的病症主要表现在果实上，也可在新梢和叶片上发病。果实发病，果面初期暗绿色，后期暗红色；

果肉变褐至暗褐色，逐渐坏死；病部干缩、硬化、下陷、畸形，病果变小或在干斑处开裂，易早落，味淡，品质劣。叶梢受害表现为新梢顶端叶片淡黄色、扭曲，叶柄、叶脉红色，叶尖或叶缘逐渐枯死。新梢顶端皮层局部坏死，向下逐渐枯死，形成枯梢。新梢节间缩短，节上生出许多小而厚、质脆的叶片，簇生。

樱桃缩果病（缺硼症）病枝

［发病规律］该病的发生与土壤、气候及品种有关。在沙质土壤上，硼素易随水淋溶流失，含量较少；碱性土壤硼呈不溶

状态，植株根系不易吸收；钙质较多的土壤，硼也不易被吸收。土壤过度干旱，影响硼的可溶性，根也难以吸收利用。有机质丰富的土壤中可吸收态硼含量高。土壤瘠薄的山地或砂砾地及沙滩地果园，或土壤中硼和盐类易流失的地区发病重。干旱年份或干旱地区发病重。施有机肥和果树专用肥的果园发病轻。

［防治技术］

①加强栽培管理。改良山地、河沙土、黏重土、盐碱土果园的土壤。增施有机肥，搞好果园水土保持。②根施硼肥。秋季或春季开花前结合施基肥，施入硼砂或硼酸。施用量应因树体大小而异，根据树干距地面37厘米处的树干直径确定施用数量，当树干直径为8 ～ 17厘米、23 ～ 26厘米、33厘米以上时，单株硼砂施用量分别为50 ～ 150克、200 ～ 350克、350 ～ 500克。如用硼酸，用量应减少1/3。施后立即灌水，防止产生药害。施用一次肥效可维持2 ～ 3年。③根外追肥。分别于花前、花期及花后树上均匀喷洒0.3%～ 0.5%硼砂液。碱性强的土壤硼砂易被钙固定，不易被植物吸收，采用此法效果好。

樱桃树黄叶病（缺铁症）

铁是植物进行光合作用不可缺少的元素之一，当铁在土壤中转变成难溶解的氢氧化铁不能被吸收利用时，或进入植株体内的铁因转移困难，向叶部分配少时，均容易导致叶片缺铁性黄化。

［症状］缺铁症状多表现在叶片上，尤其是新梢顶端叶片。初期叶色变黄，叶脉仍保持绿色，使叶片呈绿色网纹状。新梢

旺盛生长期症状表现比较明显，新梢顶部新生叶除主脉、中脉外，其余部分变成黄白色或黄绿色。严重缺铁时，新梢顶端枯死，导致树体早衰，抵抗不良环境能力减弱，易遭受冻害或导致其他病害发生。

樱桃树黄叶病（缺铁症）病叶

［发病规律］樱桃在苗期和幼树期发病较重。盐碱地或土壤中碳酸钙含量高的碱性土壤，可溶性的二价铁盐容易转变为不溶性的三价铁盐沉淀，不能被吸收利用；且生长在碱性土壤中的果树体内生理状态失衡，阻碍铁的输导和利用，故缺铁性黄化病严重。含锰、锌过多的酸性土壤，铁易变为沉淀物，不利于植物根系吸收。土壤黏重、排水差、地下水位高的低洼地，春季多雨，入夏后急剧高温干旱，也易导致缺铁性黄化。此外，果园土壤缺磷也可导致黄叶病。幼苗因根系浅，吸水能力差，易发生黄化病。

［防治技术］

①选用抗病品种和砧木。②加强栽培管理。低洼积水果园，

注意开沟排水，春旱时用含盐低的水灌浇压碱，减少土壤含盐量；树行内间作豆科绿肥，增施有机肥，改良土壤。③叶面喷洒铁肥。发病严重的果园，发芽前枝干喷施0.3%～0.5%硫酸亚铁溶液，或在生长季节喷0.1%～0.2%的柠檬酸铁溶液，间隔20天一次。或于果树中、短枝顶部1～3片叶开始失绿时，喷黄腐酸二胺铁200倍液效果显著。④根施铁肥。果树萌芽前（3月下旬至4月上旬），将硫酸亚铁与腐熟的有机肥混合，挖沟施入根系分布的范围内。也可在秋季结合施基肥进行，即将硫酸亚铁1份粉碎后与有机肥料5份混合施入。

樱桃树小叶病（缺锌症）

果树小叶病又称缺锌症，由于土壤中缺少可吸收态锌引起。锌是植物生长发育不可缺少的元素，它参与生长素合成及酶系统活动，参与光合作用。缺锌时光合作用形成的有机物质不能正常运转，所以导致叶片失绿，生长受阻。

［症状］易在樱桃新梢和叶片上表现症状，春季症状明显。初叶色浓淡不均，叶片黄绿或叶脉间色淡，病树发芽晚或新梢节间短，顶梢小叶簇生或光秃；叶形狭小，质地脆硬，不伸展，叶缘上卷，叶脉绿色，叶片或脉间黄绿色。病枝易枯死，下部另发新枝，新枝上叶片初正常，渐变小或着色不均。病树花芽分化受阻，花芽或花小色淡，不易坐果或果小畸形。病树根系发育不良，后期有烂根现象，发病重的树势极度衰弱，树冠不扩展致产量降低。

［发病规律］沙地、碱性土壤、瘠薄地、山地果园缺锌较普

樱桃小叶病（缺锌）病枝

遍。沙地锌含量少且易流失，碱性土壤锌盐易转化为不可溶态，不利于果树根系吸收利用。缺锌还与土壤中磷酸、钾和石灰含量过多有关。土壤中磷酸过多，根吸收锌则较困难。缺锌还与土壤氮、钙等元素失调有关。此外，重茬，经常间作蔬菜或浇水频繁，修剪过重或伤根过多均易导致缺锌。

［防治技术］

①增施有机肥，改良土壤。这是防治小叶病的根本措施。生产上应增施有机肥，特别是沙地、盐碱地、瘠薄山地果园，要注意协调氮、磷、钾施用比例。②喷施锌肥。在果树发芽前半个月，全树喷洒3%～5%硫酸锌溶液。硫酸锌肥效可维持1年。重病园须年年喷洒，轻病园可隔年喷。也可在盛花期后3周喷0.2%硫酸锌+0.3%～0.5%尿素或300毫克/千克环烷酸锌+0.3%尿素。③根施硫酸锌。发芽前，在树下挖放射状沟，每亩施95%硫酸锌3～5千克。

樱桃树肥害或盐害

肥害一般是指因施肥不当，或施入速溶性肥料过多，导致树体过量吸收，无机盐或速溶性肥料在局部过多积累，使树体发生的灼伤及损害。

[原因与症状]

(1) 在深翻土壤和深开沟施肥时，有机肥的肥块过大或有机肥施用过于集中，或有机肥没有经过发酵腐熟，造成烧灼树根。这种情况在无浇水条件的果园中，耕层深20厘米上下的浅土层出现较多。

(2) 过多、过量或过于集中地施用尿素、硝酸钾、硫酸铵、碳酸氢铵等速效化肥，造成灼烧树根。灼烧的根系成褐色，须根、细根先死亡。随着肥料养分在根内的运输，中毒现象迅速向主根基部、主干及枝梢上蔓延，沿着木质部出现带状紫线，树皮干枯，凹陷。严重时会造成大枝或整株死亡。

(3) 根外追肥时，肥液浓度过高，致使叶片焦灼、干枯。如硼砂等生理碱性肥料以及硫酸锌、硫酸亚铁、氯化钙、硝酸钙、尿素等肥料，均可产生烧叶现象。

(4) 长期施肥品种不当，加深了土壤的酸化或碱化，因土壤溶液过高的酸、碱性而伤根。

(5) 土壤有机质少，土壤黏而过于板结，施入的化肥不易散开，局部肥料浓度过高而伤根。

樱桃肥害叶部症状

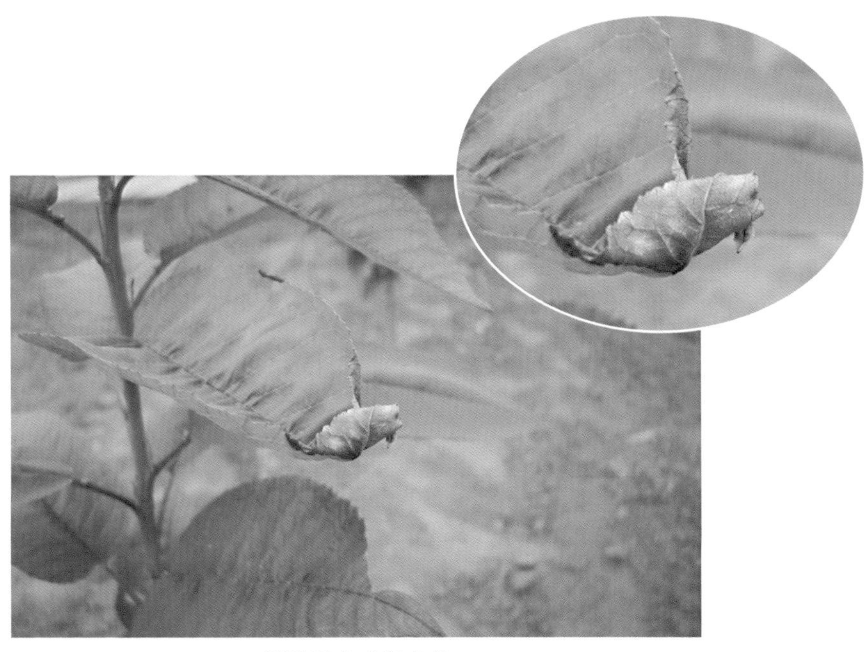

樱桃肥害叶部症状

樱桃肥害整株症状

[预防措施]

①在土壤施肥前，将所施肥块打碎，与土壤混匀，施入沟穴后及时浇水。②施用化学肥料时，每次施量要少，掌握“少吃多餐”的原则。③施用有机肥料，应先腐熟，与土混匀后施入。④根外追肥所用浓度最好先作一下试验，严格掌握肥液浓度，一般说来，肥液浓度是0.3%～0.5%。⑤在肥料混合使用时，要慎重，以免产生化学反应，发现混合时有出水、冒烟、结块现象的不能施用。⑥严禁使用假冒伪劣化肥。

第三章　樱桃害虫

樱桃瘿瘤头蚜

樱桃瘿瘤头蚜（*Tuberocephalus higansakurae* Monzon）是一种只为害樱桃叶片的蚜虫。国内主要分布于山东、北京、河北、河南、辽宁。

［为害状］以若蚜在叶片背面前端和侧缘刺吸取食，致使受害叶片正面形成肿胀隆起的伪虫瘿。虫瘿长20 ~ 40毫米，初为黄绿色，后变为枯黄色，5月底发黑干枯。当一张叶片的虫瘿数量多达4个时，即可引起叶片脱落。

樱桃瘿瘤头蚜早期为害状

樱桃瘿瘤头蚜后期为害状

［形态特征］无翅雌成蚜体长1.4毫米，宽0.97毫米，头部黑色，额瘤明显，中额瘤隆起，体表粗糙。有翅雌成蚜的头、胸黑色，腹部色淡，腹管后斑大，前斑小或不甚明显。

樱桃瘿瘤头蚜成蚜和若蚜

［发生规律］1年发生10余代，以卵在樱桃一年生枝条上的芽腋处越冬。春季，樱桃盛花期越冬卵开始孵化，若蚜为害幼叶边缘背面，随后形成虫瘿，并在虫瘿内取食和繁殖。6月下旬开始出现有翅蚜向园外迁飞，8月再迁回樱桃园，9月产生性蚜，10月在幼枝上产卵越冬。

［防治技术］

①人工防治。田间发现虫瘿，及时摘除虫叶，带出园外深埋或倒入沼气池。②生物防治。自然界中，蚜虫的天敌有很多，主要以食蚜蝇、瓢虫、草蛉、小花蝽、蚜茧蜂为主，果园尽量不使用广谱、触杀性菊酯类和有机磷类杀虫剂，以免杀伤天敌。③化学防治。樱桃树萌芽时，全树喷洒99.1%加德士敌死虫机油乳剂或99%绿颖乳油（机油乳剂）50倍液，杀灭越冬卵效果较好。樱桃谢花后7天左右，树上喷洒10%吡虫啉可湿性粉剂4 000倍液或3%啶虫脒乳油1 500 ～ 3 000倍液，可有效防治该蚜，还可兼治桑白蚧、绿盲蝽。

桃一点叶蝉

桃一点叶蝉［*Erythroneura sudra*（Distant）］又叫桃小绿叶蝉、一点叶蝉、桃一点斑叶蝉，俗名浮尘子。属同翅目、叶蝉科。在国内长江和黄河流域果树上普遍发生。主要为害樱桃、桃、李、杏、苹果、梨、葡萄等果树，也为害月季、桂花、梅花等。

［为害状］以成虫、若虫刺吸植物汁液为害。早期吸食嫩芽、叶和花。落花后在叶片背面取食，被害叶片出现失绿白色

斑点。严重时全树叶片呈苍白色，提早落叶，使树势衰弱，影响翌年花芽发育与形成。而且，还可以传播樱桃树病毒病。

桃一点叶蝉为害状

［形态特征］

成虫：体长3.0 ～ 3.3毫米，全体黄绿或暗绿色。头顶钝圆，顶端有一个小黑点，黑点外围有一白色晕圈，故名桃一点叶蝉。前翅淡绿色半透明，翅脉黄绿色；后翅无色透明，翅脉淡黑色。

若虫：老龄若虫体长2.4 ～ 2.7毫米，全体绿色，复眼紫黑色，翅芽绿色。

卵：肾形，长约0.8毫米，乳白色，半透明。

桃一点叶蝉成虫

桃一点叶蝉若虫

［发生规律］由北向南，桃一点叶蝉1年发生3 ~ 6代。以成虫在落叶、杂草、石缝、树皮缝内越冬。翌年春季，樱桃树萌芽时，开始上树为害，并在叶片主脉组织内产卵。卵多散产，若虫孵化后留下褐色长形裂口。若虫喜欢群居在叶背，受惊时横行爬动或跳跃。7 ~ 9月为一年中的盛发期，世代重叠，虫口数量多且为害严重。

［防治技术］

①人工防治。果树落叶后，彻底清扫园内杂草、落叶，集中深埋或投入沼气池，以消灭越冬虫源。②化学防治。在春季樱桃树萌芽时发现叶蝉发生为害，用10%吡虫啉可湿性粉剂4 000倍液，或3%啶虫脒乳油2 500倍液，或25%吡蚜酮悬浮剂2 000 ~ 3 000倍液均匀喷洒叶片；夏季樱桃采果后，叶蝉发生初盛期，树上喷洒4.5%高效氯氰菊酯乳油2 000倍液，可兼治毛虫、刺蛾等。

山 楂 叶 螨

山楂叶螨（*Tetranychus viennensis* Zacher）又名山楂红蜘蛛，属真螨目，叶螨科。在国内果树产区广泛分布。主要为害苹果、樱桃、桃、梨、杏、山楂、海棠等，也为害核桃、榛子、橡树。

［为害状］以成螨、幼螨和若螨群集叶片背面刺吸为害，造成叶片表面出现黄色失绿斑点。开始主要集中在叶片主脉两侧取食，随着螨量增多，整张叶片布满活动螨，叶片背面呈锈红色。严重时，山楂叶螨在叶片上吐丝结网，引起叶片褐色焦枯以至脱落。

山楂叶螨为害状

［形态特征］

雌成螨：该螨分为冬型和夏型两种。冬型虫体（越冬雌成螨）颜色鲜红，枣核形，体长0.3～0.4毫米。夏型为暗红色，椭圆形，体长0.5～0.7毫米，背部稍隆起。两种类型螨的背毛均有26根，分成6排。刚毛基部无瘤状突起。

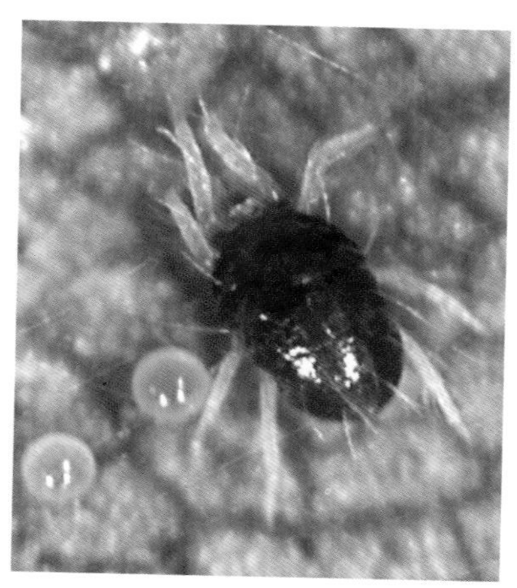

山楂叶螨雌成螨和卵

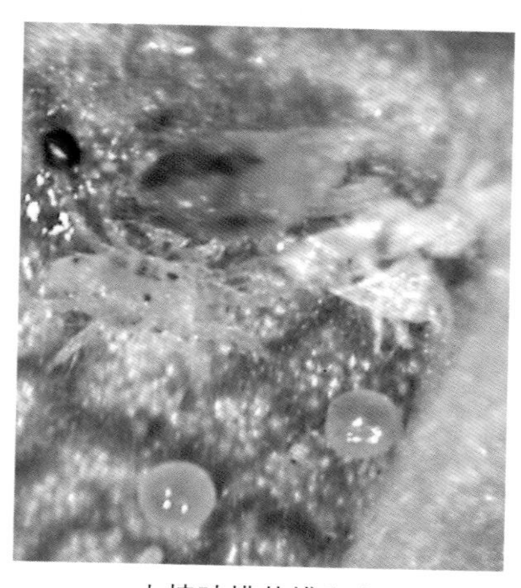

山楂叶螨若螨和卵

雄螨：体长0.4毫米，腹部末端尖削，初蜕皮为淡黄绿色，逐渐变成绿色及橙黄色，体背两侧有墨绿色斑纹。

卵：圆球形，橙黄或黄白色，表面光滑，有光泽。

幼螨：足3对，体圆形，黄白色。

若螨：足4对，体椭圆形，黄绿色。

［发生规律］1年发生5～10代，以受精冬型雌成螨在主枝、主干的树皮裂缝内及老翘皮下越冬，在幼龄树上多集中在树干基部周围的土缝里越冬，也有部分在落叶、枯草或石块下面越冬。翌年，樱桃树发芽时开始出蛰上树，先在内膛的芽上取食。越冬雌成螨取食7～8天后开始产卵，产卵高峰期在谢花后。第一代螨发生较为整齐，以后各代重叠发生。麦收前后，由于天气温暖干燥，种群数量急剧增加，6～7月为全年大发生期。雨季到来后，种群数量自然降低。10月中旬后，雌螨陆续进入越冬场所。

［防治技术］

①人工防治。晚秋，在树干上绑草把或纸质诱虫带，诱集害螨越冬，冬季结合清园解下烧掉。秋、冬季樱桃树全部落叶后，彻底清扫果园内落叶、杂草，集中深埋或投入沼气池。结合施基肥和深耕翻土，消灭越冬成螨。②生物防治。叶螨的主要自然天敌有瓢虫类、花蝽类和捕食螨类等，这些天敌对控制害螨的种群消长具有重要作用。因此果园应尽量少喷洒触杀性杀虫剂、杀螨剂，以减轻对天敌昆虫的伤害。改善果园生态环境，在果树行间保持自然生草并及时割草，为天敌提供补充食料或栖息场所。在田间害螨发生初盛期，购买并释放塔六点蓟马或捕食螨，可按照说明书进行释放。③化学防治。樱桃谢花后，喷施长效杀螨剂，可使用24%螺螨酯悬浮剂4 000倍液、5%噻螨酮乳油1 500倍液。成螨大量发生期，叶面喷洒15%哒螨酮乳油3 000倍液或1.8%阿维菌素乳油4 000倍液等。

樱桃跗线螨

该螨主要为害樱桃苗木和幼树，影响苗木顶梢和幼树新梢生长。其种类和在樱桃上的发生规律尚未见报道。

［为害状］以成螨、若螨刺吸为害嫩叶，致使叶片两面均呈褐色，叶片硬化、变脆、变厚、萎缩，叶缘向后纵卷。叶片生长缓慢或停滞，最后导致新梢顶端生长停止。严重时被害叶片早落。

樱桃跗线螨为害状

［形态特征］

成螨：雌螨个体微小，长约0.23毫米，椭圆形，淡黄色。表皮薄而透明，因此螨体呈半透明状。

卵：圆形，无色，透明，表面有花纹。

［发生规律］据田间观察，该螨在山东省泰安地区5月之前一般螨量很少，6月开始螨量上升，7～8月为发生为害高峰期，9月又逐渐下降。螨体活泼，爬行迅速，田间肉眼不易观察到螨体。

［防治技术］参照山楂叶螨。

苹小卷叶蛾

苹小卷叶蛾（*Adoxophyes orana* Fisher von Roslerstamm）又名棉褐带卷蛾、苹果卷叶蛾、茶小卷叶蛾、黄小卷叶蛾，俗名舔皮虫、溜皮虫。属鳞翅目，卷蛾科。该虫在我国广泛分布，东北、华北、华东、华中、西北、西南等地区均有发生。可为害樱桃、苹果、桃、李、杏、海棠、柑橘、茶树等，还为害棉花。近几年在果树上发生呈加重趋势。

［为害状］以幼虫为害樱桃叶片、新梢和果实。通过吐丝结网将叶片连缀在一起，造成卷叶，幼虫潜藏其内取食，降低叶片光合作用，影响新梢生长。第一、二代幼虫除卷叶为害外，还常把叶和果连缀在一起啃食果皮及果肉，使果面呈小坑洼状。

苹小卷叶蛾为害樱桃果实

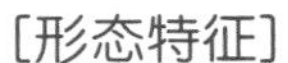
［形态特征］

成虫：全体黄褐色，体长7 ～ 9毫米；前翅黄褐色，斑纹浓褐色，前缘分别向后缘和外缘角伸出两条浓褐色斜纹，中带前窄后宽，双翅合拢后呈褐色V形斑纹；前翅后缘肩角处，及前缘近顶角处各有一小的褐色纹。后翅淡黄褐色，雄虫前翅基部具前缘褶。

卵：扁椭圆形，径长0.6 ～ 0.7毫米，初产卵淡黄色，半透明，近孵化时卵呈黑褐色。多个卵粒排列成鱼鳞状卵块。

苹小卷叶蛾成虫

苹小卷叶蛾卵块

幼虫：初龄幼虫墨绿色，后变成黄绿色。老龄幼虫体细长，翠绿色，体长13 ～ 15毫米，头及前胸背板淡黄褐色。

蛹：黄褐色，长9 ～ 11毫米，腹部第二至七节背面各有两横排刺突，前面一排较粗且稀，后面一排细小而密，尾端有8根钩状刺毛。

［发生规律］该虫在宁夏、甘肃等地1年发生2代；辽宁、河北、山东、陕西、山西、河南、江苏、安徽等地1年发生3 ～ 4代。以绿色二龄幼虫在果树裂缝内、翘皮下、剪锯伤口处、黏附在树枝上的枯叶下结白色薄茧越冬。越冬幼虫于樱桃

苹小卷叶蛾幼虫

苹小卷叶蛾蛹

树发芽后出蛰，先取食为害新梢、顶芽、嫩叶；幼虫稍大时将数个叶片用虫丝缠缀在一起，形成虫苞。当虫苞叶片被取食完毕或叶片老化后，幼虫转出虫苞，重新缀叶结苞为害。幼虫活泼，卷叶受惊动时，会爬出卷苞，吐丝下垂。老熟幼虫在卷叶内或果叶贴合处化蛹，蛹经6～9天羽化为成虫。在发生3代区，成虫发生期越冬代为5月中旬，第一代6月下旬，第二代8月中旬至9月上旬；在发生4代区，5月上旬出现越冬代成虫，第一代为6月中旬，第二代8月上旬，第三代9月中旬。

成虫对糖醋液和黑光灯趋性较强。越冬代成虫羽化后2～3天产卵，喜欢产卵于较光滑的果面或叶面。1头雌虫可产卵2～3块，每块卵从几粒到200粒不等。卵期7天左右，初孵幼虫多分散在卵块附近叶片背面、重叠的叶片间和果叶贴合的地方，啃食叶肉和果面。幼虫长大后单头分散转移到其他叶片和果实上为害。

[防治技术]

①人工防治。春季樱桃树发芽前，彻底清除枝条上的残叶并带出园外烧毁或深埋。上一年发生数量大的果园，在越冬幼虫即将出蛰时，在剪锯口周围涂抹40%辛硫磷乳油400

倍液，杀灭幼虫，减少虫源。生长期及时摘除虫苞，将苞内幼虫和蛹捏死。②生物防治。在第一代成虫发生期，利用松毛虫赤眼蜂防治。在果园里悬挂苹果小卷叶蛾性外激素诱捕器，当诱到成虫后3～5天，即是成虫产卵始期，立即开始第一次放蜂，以后每隔5天放1次，连放3～4次，每亩放蜂10万头左右，遇连阴雨天气，应适当多放。③诱杀成虫。在果园内悬挂苹小卷叶蛾性诱芯或糖醋液诱杀成虫。糖醋液的比例为糖：酒：醋：水=1：1：4：16，每亩放置3～5个糖醋液罐或性诱芯诱捕器，糖醋液罐需要经常补加糖醋液，性诱芯需要20～30天更换1次。有条件的地方可利用频振式杀虫灯、黑光灯诱杀成虫。但一定不要把杀虫灯挂在果树旁边，以免诱来的成虫落在果树上产卵。④药剂防治。在越冬幼虫出蛰后及第一代初孵幼虫阶段，树上喷洒1%甲维盐乳油5 000倍液，或35%氯虫苯甲酰胺水分散粒剂8 000～10 000倍液。以后各代卵孵化期喷洒25%灭幼脲悬浮剂2 500倍液，或2.5%溴氰菊酯乳油2 000倍液，可以兼治叶蝉和其他鳞翅目害虫。

黑星麦蛾

黑星麦蛾（*Telphusa chloroderces* Meyrich）又名苹果黑星麦蛾、黑星卷叶麦蛾、黯星卷叶蛾。属鳞翅目，麦蛾科。国内分布于华北、华东、东北及陕西、四川等地。主要为害樱桃、桃、李、杏、苹果、梨、海棠、山定子等果树。

[为害状] 黑星麦蛾以幼虫卷叶为害樱桃，幼虫在新梢上吐丝结叶片作巢，内有白色细长丝质通道，并夹有黑色虫粪，虫

苞（巢）松散，常数头至数十头幼虫居内为害。严重时全树枝梢叶片受害，只剩叶脉和表皮，并将粪便黏附其上，叶片干枯，但虫苞连缀在枝条上不脱落。因此，影响樱桃树生长发育和次年花芽形成。

[形态特征]

成虫：体长5 ~ 6毫米，翅展15 ~ 16毫米，灰褐色。胸部背面及前翅黑褐色，前翅端部1/4处有1条淡色横带，从前缘横贯到后缘，翅中室内有3 ~ 4个黑色斑点，其中2个十分明显。后翅灰褐色。

黑星麦蛾成虫

卵：椭圆形，淡黄色，有珍珠光泽。

幼虫：老熟幼虫体长10 ~ 11毫米，头部褐色，前胸背板黑褐色。腹部背面有7条黄白色纵条和6条淡紫褐色纵条相间排列，腹面有2条乳黄色纵带。

蛹：长约6毫米，长卵形，红褐色，比苹小卷叶蛾蛹粗短。

黑星麦蛾幼虫

黑星麦蛾蛹

［发生规律］该虫1年发生3～4代，以蛹在树下杂草内越冬。春季果树萌芽时羽化为成虫，产卵于新梢顶部叶柄的基部，单粒或几粒成堆。4月中旬卵孵化为幼虫，幼虫取食嫩叶，稍大的幼虫即吐丝将新梢顶部的数片叶纵卷成筒状。5月，老熟幼虫结茧化蛹于被害叶内。以后各代重叠发生。成虫对糖醋液具有趋性。

［防治技术］

①人工防治。秋冬季清扫园内落叶和杂草，集中深埋或带出园外烧毁，消灭越冬蛹。生长季节人工摘除卷叶虫苞，消灭苞内幼虫。②生物防治。参照苹小卷叶蛾。③诱杀防治。在各代成虫发生期，用糖醋液诱杀，具体操作方法参见苹小卷叶蛾。④化学防治。参照苹小卷叶蛾。

梨小食心虫

梨小食心虫（*Grapholitha molesta* Busck）又称东方蛀果蛾、桃折心虫，简称“梨小”，俗称“打梢虫”。属鳞翅目，卷蛾科。国内分布广，在华东、华北、华中、华南、西南水果产区发生较重。为害樱桃、桃、苹果、梨、李、杏、山楂、枣、海棠、枇杷等果树。

［为害状］以幼虫为害樱桃新梢，幼虫孵化后即蛀梢为害，蛀入孔很小不易被发现，蛀孔周围青绿色。在梢内由上向下蛀食，期间咬一小孔，将虫粪排出嫩梢。受害后顶端很快枯萎，幼虫就转移到另一嫩梢上为害，每个幼虫可为害3～4个新梢。

［形态特征］

成虫：体长4.6～6.0毫米，翅展10.6～15.0毫米，全身灰

梨小食心虫为害状

梨小食心虫为害后期症状

褐色，无光泽。前翅深灰褐色，前缘有10组白色短斜纹，翅面中部有一小白点，近外缘处约有10个黑斑点。

卵：扁椭圆形，初产呈乳白色半透明，后变为淡黄白色。

幼虫：老熟幼虫全身桃红色，体长10～13毫米，头部黄褐色。低龄幼虫体白色，头及前胸背板黑色。

蛹：长7～8毫米，黄褐色，纺锤形，腹部背面有两排短刺。茧白色丝质，长椭圆形，稍扁平，长10毫米。

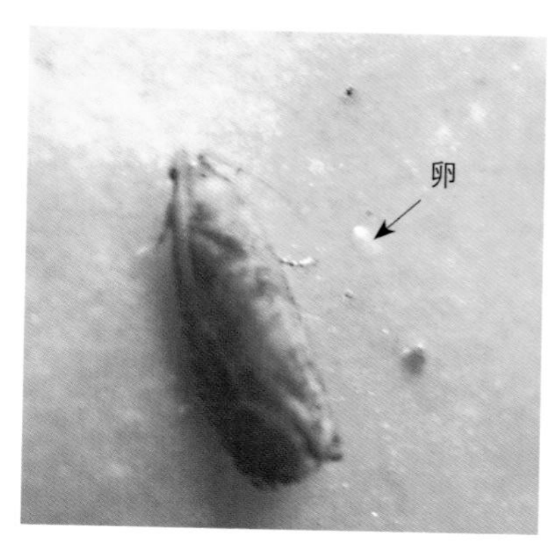

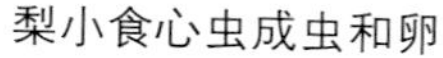
梨小食心虫成虫和卵

梨小食心虫幼虫

［发生规律］每年发生多代，由北向南发生代数逐渐增加，华北年发生3～4代，华南地区年发生6～7代。以老熟幼虫在果树枝干裂皮缝隙、主干根颈周围表土等处结茧越冬。翌年3月下旬至4月上中旬越冬幼虫开始化蛹。成虫发生期为4月中旬至6月中旬，发生期很不整齐，田间世代重叠现象严重。成虫喜好白天静伏，于日落前后活动和交尾产卵，卵产于新梢的中部叶片背面和果面，每头雌蛾产卵50～100粒，散产。该虫在桃、梨、苹果、樱桃混栽区，第一、二代幼虫主要为害樱桃、桃树新梢，第三、四代幼虫主要为害桃果、梨果、苹果。由于樱桃成熟早，很少果实受害。

成虫对黑光灯有一定趋性，对糖醋液有较强趋性。

［防治技术］

①人工防治。生长期间及时摘除受害新梢，集中处理。②诱杀成虫。4～9月，在田间使用性诱剂诱杀成虫，或者用糖醋液罐、黑光灯诱杀。③保护利用天敌。可在田间卵发生期，释放松

毛虫赤眼蜂防治，一般隔4～5天放蜂一次，连续释放3～4次。④化学防治。喷药防治应在成虫产卵期和幼虫孵化期。所以在樱桃谢花后至果实收获前，当果园蛀梢率达0.5%～1%时喷药。药剂可选用25%灭幼脲3号悬浮剂2 500倍液，或2.5%多杀菌素悬浮剂1 000～1 500倍液，或24%甲氧虫酰肼悬浮剂5 000～6 000倍液，或35%氯虫苯甲酰胺水分散粒剂8 000～10 000倍液。

黄　刺　蛾

黄刺蛾［*Cnidocampa flavescens*（Walker）］俗名洋辣子、八角虫。属鳞翅目、刺蛾科。国内除甘肃、宁夏、青海、新疆、西藏外，其他省份均有分布。食性很杂，为害樱桃、李、杏、桃、苹果、枣、梨、山楂、梅、栗、柑橘、石榴、核桃、柿、杨等90多种树木和花卉。

［为害状］以幼虫为害叶片。初孵幼虫群集叶背取食叶肉，形成网状透明斑。幼虫长大后分散开，取食叶片成缺刻，五、六龄幼虫能将整片叶吃光仅留主脉和叶柄。严重影响樱桃树势和翌年果实产量。

［形态特征］

成虫：体长13～16毫米，翅展30～40毫米。头、胸部黄色，腹部黄褐色,复眼黑色。前翅前半部黄色并有2个深褐色斑点，后半部褐色，自顶角分别向后缘基部和臀角附近分出2条暗褐色细线。后翅黄褐色。

卵：扁椭圆形，直径1.5毫米，表面有龟纹状刻纹。初产时黄白色，孵化前变成黑褐色。常数十粒排成不规则块状。

黄刺蛾成虫

黄刺蛾虫茧

幼虫：幼虫期体色变化很大。初孵幼虫体黄色，随着长大，虫体表面长出黑色纵线，各龄期均着生枝刺。老熟幼虫体长19 ~ 25毫米，体方形，黄绿色，背面有一个哑铃形紫褐色大斑，各节有4个枝刺。

蛹：椭圆形，黄褐色，长13毫米，表面有小齿。外包卵圆形硬壳状茧，似雀蛋，茧表面有灰白色不规则纵条纹。

黄刺蛾初孵幼虫

黄刺蛾低龄幼虫

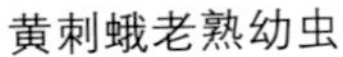
黄刺蛾老熟幼虫

黄刺蛾越冬幼虫

[发生规律] 黄刺蛾在东北和华北地区1年发生1代，在四川、河南、山东、安徽、浙江、江苏等省1年2代。以老熟幼虫在树枝上结茧越冬。发生1代区，翌年6月上中旬开始在茧内化蛹，蛹期约半个月，6月中旬至7月中旬为成虫发生高峰期。幼虫发生期为6月下旬至8月下旬。发生2代区，5月上旬开始化蛹，5月下旬到6月上旬羽化，第一代幼虫6月中旬至7月上中旬发生。第二代幼虫为害盛期在8月上中旬，8月下旬开始老熟结茧越冬。成虫夜间活动，有趋光性。雌蛾产卵于叶片背面，卵期7～10天。初孵幼虫先食卵壳，然后群集叶背取食叶肉，幼虫长大后分散开取食叶片。

[防治技术]

①人工防治。结合冬季和春季修剪，用剪刀刺伤枝条上的越冬虫茧及茧内幼虫。幼虫发生期，及时摘除带虫枝、叶，踩死幼虫。②生物防治。寄生蜂有上海青蜂、刺蛾广肩小蜂、姬蜂。春季，应用天敌释放器将采下的虫茧放入其中，悬挂在果园内，使羽化后的寄生蜂飞出，重新寄生刺蛾幼虫。③化学防治。发生数量少时，一般不需专门进行化学防治，可在防治

梨小食心虫、卷叶虫时兼治。刺蛾幼龄幼虫对化学杀虫剂比较敏感，一般拟除虫菊酯类杀虫剂速灭杀丁、功夫、敌杀死等均可有效防治。

扁　刺　蛾

扁刺蛾［*Those sinensis*（Walker）］又名黑点刺蛾，幼虫俗称洋辣子、播刺猫、洋拉子、带刺毛毛虫、蜇了毛子。属鳞翅目，刺蛾科。分布与为害树木种类基本同黄刺蛾。

［为害状］同黄刺蛾，但各龄幼虫均分散为害。

［形态特征］

成虫：雌蛾体长13～18毫米，暗灰褐色，腹面及足色较深，触角丝状，前翅灰褐微带紫色，中室外侧有一明显的暗紫色宽斜带，后翅暗灰褐色。雄蛾体色同雌蛾，触角羽状，中室上角有一黑点（雌蛾不明显）。

卵：扁平椭圆形，长1.1毫米，表面光滑。初产卵淡黄绿色，孵化前呈灰褐色。

幼虫：老熟幼虫长21～26毫米，体扁椭圆形，背部稍隆起，形

扁刺蛾幼虫

似龟背。全体绿色或黄绿色，背线白色，边缘蓝色。每节两侧生有短丛刺1对，体边缘每侧有10个瘤状突起，腹部第四节背面有1对红点。

蛹：近椭圆形，体长10 ~ 15毫米。初化蛹为乳白色，后渐变黄色，体外包茧。

茧：椭圆形，暗褐色，鸟蛋状。

［发生规律］在北方果区1年发生1代。以老熟幼虫在寄主树干周围3 ~ 6厘米深的土中结茧越冬。翌年5月中旬化蛹，6月上旬羽化为成虫，成虫发生盛期在6月中下旬至7月上中旬。成虫有趋光性，羽化后即行交尾产卵，卵多散产于叶面。幼虫为害盛期在8月，初孵幼虫先取食卵壳，再啃食叶肉，仅留一层表皮，自六龄起，取食全叶。幼虫老熟后即下树入土结茧，黏土地结茧部位浅且距树干远，茧比较分散，腐殖土及沙壤土结茧部位深，而且密集。

［防治技术］

①人工防治。结合秋冬季施肥与翻地，破坏越冬场所，以扼杀越冬虫茧。幼虫发生期，及时摘除虫叶、虫枝，消灭幼虫。②生物防治。幼虫发生期，可喷施0.5亿个孢子/毫升青虫菌菌液。③化学防治。在卵孵化盛期和幼虫低龄期喷洒25%灭幼脲3号1 500倍液，或2.5%高效氯氟氰菊酯乳油2 000倍液。

桃剑纹夜蛾

桃剑纹夜蛾（*Acronicta incretata* Hampson）又名苹果剑纹

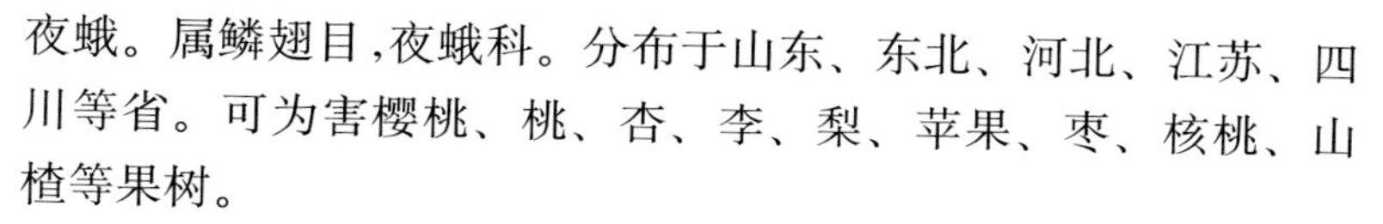

夜蛾。属鳞翅目,夜蛾科。分布于山东、东北、河北、江苏、四川等省。可为害樱桃、桃、杏、李、梨、苹果、枣、核桃、山楂等果树。

［为害状］以幼虫取食叶片，低龄幼虫只食叶肉成纱网状，长大后咬食叶片成孔洞或缺刻。

［形态特征］

成虫：体长约20毫米，棕灰色，触角丝状。前翅灰褐色，在基角及近臀角和外缘处各有显著的黑褐色剑状纹。后翅淡灰褐色，后缘有黄褐色缘毛。腹部背面灰色微褐，腹面灰白色。雄虫腹部末端分叉，雌虫较尖。

卵：半球形，乳白色，直径约1毫米，有放射状条纹。

幼虫：幼虫体色鲜艳。老熟幼虫体长35 ~ 40毫米，遍体疏生长毛，背部毛黑色，毛端白色，稍弯曲，体两侧毛灰白色，较短。虫体背线黄色，两侧的气门线为红色。腹部第一节及尾端第八节上各有1个黑色毛瘤，腹部第二到第七节各节背面都有1对黑斑，黑斑内有一大一小的白色斑点。

桃剑纹夜蛾幼虫

蛹：长约20毫米，深棕褐色，尾端有8根粗短的刚毛，背面2根较大。

［发生规律］1年发生2代，以蛹在枝干皮缝或土壤中做白色薄丝茧越冬。越冬代成虫在5～6月发生，昼伏夜出，有趋光性。成虫分散产卵于叶面，幼虫孵化后分散活动与取食，老熟后于落叶、近根部土缝及树洞等处化蛹。第一代成虫发生在7～8月。

［防治技术］

①人工防治。冬季结合防治其他病虫害，清除树下杂草并进行冬翻，消灭越冬虫蛹。因幼虫颜色鲜艳，易被发现，可人工捕杀。②物理防治。根据成虫有趋光性，可利用杀虫灯诱杀。③化学防治。参见黄刺蛾。

舟形毛虫

舟形毛虫（*Phalera flavescens* Bremer et Grey）又名苹果舟形毛虫、苹掌舟蛾、苹果天社蛾、举尾毛虫、举肢毛虫、秋黏虫。属鳞翅目，舟蛾科。主要为害樱桃、桃、李、杏、梅、苹果、梨、山楂、核桃、板栗等果树及多种阔叶树。国内除新疆、青海、宁夏、甘肃、西藏、贵州外，其他省份均有分布。

［为害状］低龄幼虫群集叶片背面，将叶片食成半透明纱网状。高龄幼虫蚕食叶片，仅留叶脉和叶柄。常可将全树叶片吃光，轻则严重削弱树势，重则树体死亡。

［形态特征］

成虫：体长约25毫米，翅展约50毫米。体和前翅黄白色，前翅外缘有6个紫黑色新月形斑纹，排成一列，翅中部有淡黄色波浪状线4条，基斑内有1个椭圆形斑纹。后翅淡黄白色，外缘处有1个褐色斑纹。

舟形毛虫成虫

卵：球形，初产时淡绿色，近孵化时变为灰色。几十个卵粒排列成块状。

幼虫：老熟幼虫体长50毫米左右。头黑色，有光泽，胸部背面紫褐色，腹面紫红色。体两侧各有黄色至橙黄色纵条纹3条，各体节有黄色长毛丛。静止时首尾翘起似叶舟，故名舟形毛虫。

蛹：体长约23毫米，暗红褐色，全体密布刻点。

舟形毛虫幼虫

［发生规律］1年发生1代。以蛹在果树根部附近约7厘米深的土层内越冬。翌年7月上旬至8月上旬羽化，7月中、下旬为羽化盛期。成虫白天隐蔽在树叶丛中或杂草中，晚上交尾产卵，趋光性较强。低龄幼虫群集并排列整齐，头朝同一方向，夜晚取食，白天多静伏，受震动立即吐丝下垂，但仍可沿丝返回到原先的位置继续为害。幼虫期发生在8～9月，所以又称“秋黏虫”。9月下旬至10月上旬老熟幼虫沿树干下行，或吐丝下垂入土化蛹越冬。

［防治技术］

①人工防治。冬季或早春翻树盘，将越冬蛹翻于土表，使其冻死或被风吹干。在幼虫未分散前，及时剪掉群居幼虫的叶片，或振动树枝，使幼虫 吐丝下坠，集中消灭。②生物防治。卵发生期，在果园内释放卵寄生蜂如赤眼蜂等。幼虫期喷含活孢子100亿/克的青虫菌粉800倍液，或Bt乳剂(100亿个芽孢/毫升)1 000倍液。幼虫入土期，树下土壤浇灌昆虫病原线虫或白僵菌液，使其侵染幼虫致病死亡。③化学防治。在虫口密度大、人力不足，或树冠很高时，也可喷药防治。应在低龄幼虫期喷药，可选用2.5%多杀菌素悬浮剂1 000～1 500倍液，或20%氰戊菊酯乳油或2.5%溴氰菊酯乳油2 000倍液。

绿　盲　蝽

绿盲蝽［*Lygocoris lucorμm* (Meyer-Dur.)］别名花叶虫、小臭虫，是为害果树的一种主要害虫。食性杂，可为害樱桃、葡萄、枣、苹果、李、桃、石榴等多种果树，也为害棉花、蔬菜、苜蓿、杂草等。在国内广泛分布。

［为害状］以若虫和成虫刺吸樱桃树幼芽、嫩叶、花蕾及幼果的汁液，被害叶芽先呈现失绿斑点，随着叶片的伸展，被害点逐渐变为不规则的孔洞，俗称“破叶病”、“破天窗”。花蕾受害后，停止发育，枯死脱落。幼果受害，被刺处果肉木栓化，发育停止，果实畸形，呈现锈斑或硬疔，失去经济价值。

绿盲蝽为害状

［形态特征］

成虫：体长5毫米，黄绿色，前翅半透明，暗灰色。复眼黑色突出，触角丝状。

卵：长1毫米，黄绿色，长口袋形，卵盖奶黄色，中央凹陷，两端突起。

若虫：共5龄，初孵时绿色，复眼桃红色。三龄时出现翅芽。五龄虫全体鲜绿色，密被黑细毛，触角淡黄色，端部色渐深。

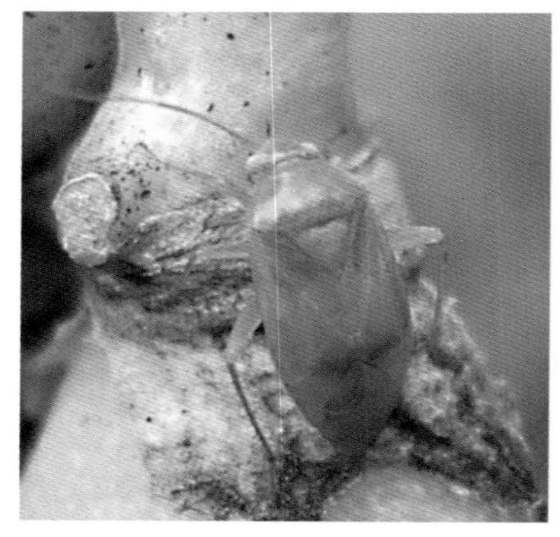
绿盲蝽成虫

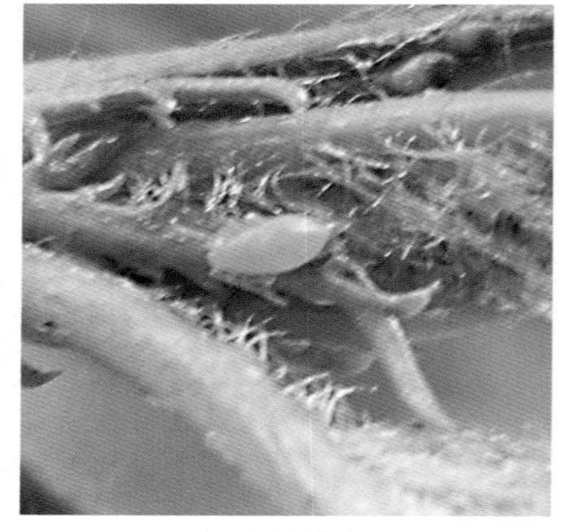
绿盲蝽若虫

［发生规律］1年发生4 ～ 5代，以卵在樱桃顶芽鳞片内及杂草、浅土层内越冬。翌年3 ～ 4月，平均气温10℃以上，相对湿度达70%左右时，越冬卵开始孵化。樱桃树发芽时上树为害，4 ～ 5月刺吸幼芽、花蕾和幼果。6月开始转移到杂草和其他果树、蔬菜、棉花等作物上为害。成、若虫生性活泼，受惊后爬行迅速，又由于其个体较小，体色与叶色相近，在田间不容易被发现。不喜强光照，多在夜晚或清晨爬到树上取食为害，中午光照强烈时则下树躲避到杂草中。10月中旬前后，在果园中或园边的杂草上及其他作物上发生的最后一代成虫迁回到果树上产卵越冬。樱桃园内种植苜蓿和附近种植棉花、大豆、冬枣有利于该虫发生。

［防治技术］

①农业防治。结合冬季清园，清除园内落叶与杂草并翻整土壤，可减少越冬虫卵，同时消灭越冬虫源和切断其食物链。②生物防治。绿盲蝽的主要天敌有寄生蜂、草蛉、捕食性蜘蛛等。在绿盲蝽发生期，果园内释放草蛉1 ～ 2次。③化学防治。芽萌动期，树上喷洒机油乳剂100倍液+30%啶虫脒乳油1 000倍

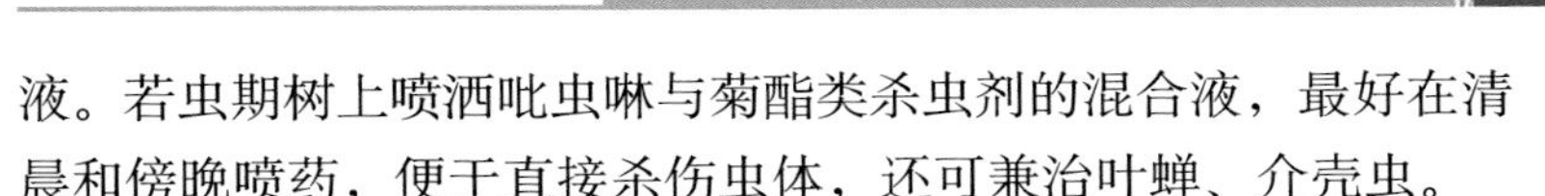

液。若虫期树上喷洒吡虫啉与菊酯类杀虫剂的混合液，最好在清晨和傍晚喷药，便于直接杀伤虫体，还可兼治叶蝉、介壳虫。

茶　翅　蝽

茶翅蝽（*Halyomorpha halys* Stai）又称臭木椿象、臭椿象，俗名臭板虫、臭大姐。属半翅目，蝽科。除新疆、西藏、宁夏、青海外，其他各省（自治区、直辖市）均有分布。可为害桃、杏、樱桃、苹果、梨、山楂、核桃、枣等多种果树的叶片和果实。

〔为害状〕以成虫、若虫刺吸为害樱桃叶片、嫩梢及果实，果实受害部位细胞坏死，果肉变硬并木栓化，果面凹凸不平，形成畸形果。

茶翅蝽为害状

［形态特征］

成虫：扁椭圆形，体长约15毫米，宽约8毫米，茶褐色。前胸背板、小盾片和前翅革质部有黑褐色刻点，前胸背板前缘横列4个黄褐色小点，小盾片基部横列5个小黄点，腹部两侧斑点明显。

茶翅蝽成虫

卵：短圆筒形，直径1毫米左右，有假卵盖。初产卵灰白色，孵化前黑褐色，20 ～ 30粒排成一块。

若虫：初孵若虫近圆形，头胸部深褐色，腹部黄白色；长大后虫体变黑褐色，腹部淡橙黄色，各腹节两侧节间有1长方形黑斑，共8对；老熟若虫与成虫相似，无翅，腹部背面有6个黄色斑点，触角和足上有黄白色环斑。

［发生规律］1年发生1 ～ 2代，以成虫在果园附近的建筑物上的缝隙、土缝、石缝、树洞中越冬。翌年4月上旬，成虫陆续出蛰活动，并上树为害樱桃嫩芽、幼叶与幼果。6月产卵于叶背，6月中下旬为卵孵化盛期。幼若虫有群集习性，三龄后开始分

茶翅蝽卵（放大）

初孵幼虫和卵壳

茶翅蝽老龄若虫

散取食。8月中旬为成虫盛期，9月下旬成虫陆续进入越冬场所。成虫和若虫受到惊扰或触动时，即分泌臭液并逃逸。

［防治技术］

①人工防治。秋冬季节，在果园附近的建筑物内，尤其是屋檐下常集中大量成虫爬行或静伏，可人工捕杀。成虫产卵期查找卵块摘除。②生物防治。北京调查发现，茶翅蝽的寄生蜂有茶翅蝽沟卵蜂、角槽黑卵蜂、蝽卵金小蜂、平腹小蜂、跳小蜂，捕食性天敌有小花蝽、蠋蝽、三突花蛛、食虫虻。在茶翅蝽卵期，人工收集茶翅蝽沟卵蜂寄生的卵块，放在容器内，待寄生蜂羽化后，将蜂放回樱桃园，以提高自然寄生率。利用柞蚕卵大量繁殖平腹小蜂，在茶翅蝽产卵期释放也可以起到一定的控制作用。③化学防治。幼若虫发生期，正值樱桃采收前后，对于发生数量较大的果园可喷药防治。药剂可选用2.5%溴氰菊酯乳油1 500 ～ 2 000倍液、20%甲氰菊酯乳油2 500 ～ 3 000倍液、4.5%高效氯氰菊酯乳油1 500 ～ 2 000倍液等，应注意喷洒叶片背面，可兼治果蝇。

麻　皮　蝽

麻皮蝽（*Erthesina fullo* Thunberg）又名黄斑蝽。属半翅目，蝽科。国内分布广泛。为害樱桃、桃、梨、苹果、葡萄、柿、枣等多种果树及林木。

［为害状］以成虫、若虫刺吸为害果实、枝条和叶片，果实被害处果肉木栓化、坚硬，果面凹凸不平成为畸形果。茎叶被害处产生黄褐色斑。

［形态特征］

成虫：体长18 ～ 25毫米，宽10 ～ 11.5毫米，棕黑色，身体密布细碎不规则的黄斑。头部前端至小盾片基部有一条明显的黄白色纵线，前胸背板有许多黄白色斑纹。触角丝状，黑色，第五节基部黄白色。前翅棕褐色，除中央部分外，也具有许多黄白色斑纹。身体上有臭腺。

卵：黄白色，近鼓状，高约2毫米，卵壳表面有网纹，有假卵盖。常12 ～ 13粒排列成块状。

若虫：初龄若虫胸腹部有许多红、黄、黑相间的横纹。二龄若虫腹背有6个红黄色斑点。老龄若虫体长约20毫米，黑褐色，头至小盾片有一黄白色纵纹，胸背有4个淡红色斑点，腹部背面中央具暗色大斑3个。

麻皮蝽成虫和卵

［发生规律］在北方1年发生1 ～ 2代，南方2代。以成虫在屋檐下、墙缝内、石洞及树皮缝内越冬。春季樱桃树萌芽时开始出来活动为害。5 ～ 7月产卵，卵多产在叶片背面，卵期约10天。5月下旬可见初孵若虫，初孵若虫群集于卵块周围静伏，以

后逐渐分散为害，多为害果实。三龄以上若虫活跃，食量大增，捕捉时躲避很快，并释放臭气。7～8月发育为成虫为害至深秋。10月成虫开始潜入越冬场所。

［防治技术］参照茶翅蝽。

梨 冠 网 蝽

梨冠网蝽（*Stephanitis nashi* Esaki et Takeya）又名梨网蝽、梨军配虫。主要为害樱桃、李、梨、苹果、海棠、山楂、杨、月季等。在我国广泛分布，日本和朝鲜也有分布。

［为害状］以成、若虫群集在叶片背面刺吸为害，其排泄的粪便和产卵时留下的黑点使叶片背面呈锈黄色，叶片正面便出现许多白斑，严重影响光合作用。大量发生时可引起叶片早期脱落，影响树势和花芽形成。

梨冠网蝽为害状

梨冠网蝽为害状

［形态特征］

成虫：体长3.5毫米，扁平状，黑褐色，前翅密布网状花纹。头部红褐色，头上有5根黄白色头刺，触角浅黄褐色。

卵：长椭圆形。初产时淡绿色，后变淡黄色，透明状。

若虫：初龄虫乳白色近透明，后变浅绿至深褐色。老龄若虫头部、胸部、腹部均有刺突。

梨冠网蝽成虫（放大）

梨冠网蝽若虫（放大）

［发生规律］1年发生4代，以成虫在落叶杂草下及土缝、枝干翘皮缝内越冬。4月上旬越冬成虫开始上树为害，并产卵繁殖。5月中旬后，第一代卵孵化，初孵幼虫活动性差，对药剂敏感，是喷药防治的关键时期。以后各虫态出现，并有世代重叠。7～8月是全年大发生期，10月中下旬以后陆续进入越冬场所。

［防治技术］

①农业防治。樱桃落叶后，彻底清理果园内及附近的枯枝落叶、杂草，集中烧毁或深埋，消灭越冬成虫。②化学防治。掌握在樱桃采收后的梨网蝽发生期，树上喷洒1.8%阿维菌素乳油4 000倍液，或5%高效氯氰菊酯乳油2 000倍液，或10%吡虫啉可湿性粉剂4 000～5 000倍液，重点喷洒叶片背面。

果　蝇　类

目前，在我国为害樱桃的果蝇主要有3种，即黑腹果蝇（*Drosophila melanogaster* Meigen）、斑翅果蝇（铃木氏果蝇）和海德氏果蝇，以黑腹果蝇和斑翅果蝇为主。

果蝇为害状

［为害状］均以蛆状幼虫钻蛀为害樱桃果实，被害果面上有针尖大小的虫眼（蛀果孔），虫眼处果面稍凹陷，色较深，果内有虫粪，造成受害果软化，表皮呈水渍状，

果肉变褐，腐烂。特别是在果实近成熟期为害最重，果蝇产卵于果皮下，早期不易被人发现，常会随销售果进入市场或进行远距离传播，在货架期和出售期发育成幼虫，被消费者发现而引起恐慌，导致大量樱桃难以出售。果蝇除为害樱桃外，还为害蓝莓、桃、李、杨梅、葡萄等多种水果的果实。

［形态特征］果蝇类的幼虫均为白色蛆，不同果蝇之间很难从幼虫上区分，但成虫形态有很大区别。①斑翅果蝇成虫体长2.6～2.8毫米，体色近黄褐色或红棕色，腹节背面有不间断黑色

果蝇成虫

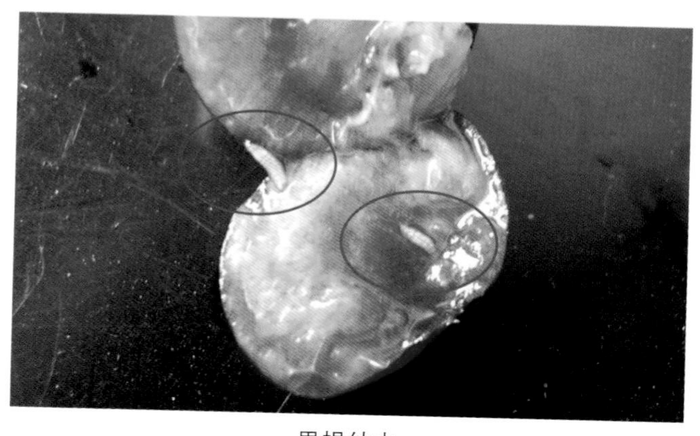

果蝇幼虫

条带，腹末具黑色环纹。雄虫前足第一、二跗节均具性梳，膜翅脉端部具一黑斑，雌虫无此特征，雌虫产卵器黑色、硬化、有光泽，突起坚硬，齿状或锯齿状。②黑腹果蝇雌性体长2.5毫米，雄性较之要小。雄性腹部有黑斑，前肢有性梳，而雌性成虫没有。

［发生规律］黑腹果蝇1年发生10余代，斑翅果蝇自北向南1年发生3～10代。二者均以蛹在土壤内1～3厘米处越冬，有的在果品库、商场、家庭内越冬。翌年春季气温15℃左右，地温5℃时越冬蛹开始羽化为成虫；当气温稳定在20℃左右，地温15℃时虫量大增，恰逢樱桃各品种陆续进入成熟期，故成虫开始在樱桃果实上产卵，6月上中旬为产卵盛期和为害盛期。成虫将卵产在樱桃果皮下，卵期很短，孵化后的幼虫由外向里蛀食果实，一粒果实上往往有多头果蝇为害，果实逐渐软化、变褐、腐烂。幼虫期5～6天，老熟后脱果落地化蛹。蛹羽化为成虫继续产卵繁殖下一代，田间出现世代重叠现象。樱桃采收后，果蝇便转向相继成熟的桃、李、蓝莓、葡萄等成熟果实或烂果实上。9月下旬后，随气温下降，北方果蝇成虫数量逐渐减少，10月下旬至11月初成虫在田间消失，以蛹进行越冬。

斑翅果蝇喜欢阴湿、凉爽环境，高温、干燥均不利于该虫的发生。雌蝇对樱桃的产卵嗜好是成熟果实>近成熟>未成熟、晚熟品种>早熟品种，深红色品种>红色品种>黄色品种。

［防治技术］

①在樱桃果实膨大着色期，清除园内杂草和果园周边的腐烂垃圾，同时用10%氯氰菊酯乳油2 000～4 000倍液，对地面和周围的荒草坡喷雾处理，消灭其内潜藏和滋生的果蝇。②及时捡拾干净园内外的落果、烂果，带出园外集中浸泡到浓食盐水里，灭杀果实内的卵和幼虫。③在成虫发生期，用敌百虫：

糖：醋：酒：清水按1 ： 5 ： 10 ： 10 ： 20，配置成诱饵糖醋液，将装有糖醋液的塑料盆放于樱桃园树冠荫蔽处，高度1.5米左右，每亩放8 ～ 10盆。定期清除盆内成虫，及时补充糖醋液。同时地面喷洒40%辛硫磷乳油800倍液，压低虫口基数，减少发生量。④樱桃采收后，先用4℃冷水冲洗，然后在1 ～ 4℃冷库放置4小时左右，既能起到保鲜作用，又能冻死果实内的蝇卵和初孵幼虫。⑤果蝇发生严重时，树上喷洒多杀菌素和乙基多杀菌素，注意安全间隔期内禁止喷药。

黑绒鳃金龟

黑绒鳃金龟（*Serica orientalis* Motschulsky）又名东方金龟子、天鹅绒金龟子、黑绒金龟，俗名老鸹虫。属鞘翅目，鳃金龟科。可为害桃、李、樱桃、苹果、梨等多种果树，也为害大田作物、蔬菜、杂草、林木。分布广，在黄河故道区果园内发生普遍。

金龟子为害叶片

［为害状］以成虫取食果树的花和叶，使花瓣和叶片呈缺刻状，有时全部吃掉一朵花和

一张叶片。

［形态特征］

成虫：体长7 ～ 8毫米，卵圆形，体黑或黑褐色，密被短黑绒毛。鞘翅短于腹部，每一鞘翅上有9条由刻点组成的纵沟。

黑绒鳃金龟成虫

卵：椭圆形，长1.5毫米，乳白色。

幼虫：老熟幼虫体长约15毫米，头黄褐色，腹部乳白色。

蛹：裸蛹，长8毫米左右。初为黄白色，后为黄褐色。

［发生规律］黑绒鳃金龟1年发生1代，以成虫在20 ～ 30厘米深的土层中越冬。翌年4月中旬（樱桃花期）至5月中旬为出土活动盛期，昼伏夜出，以傍晚为害最盛。成虫暴食果树的芽、叶丛、嫩叶、花瓣，并在其上交尾。成虫有假死性和一定的趋光性。5月末至6月上旬为产卵盛期，在植物繁茂、杂草丛生的土壤中10厘米深处产卵最多。初孵幼虫以须根和腐殖质为食，幼虫期平均约75天。老熟幼虫在土中20 ～ 40厘米处筑土室化蛹，蛹期10 ～ 15天，9月中下旬羽化为成虫，在土室内越冬。

①人工防治。秋冬季节，结合施肥深翻土壤，破坏土室可使虫体风干死亡或让鸟类啄食。清除果园及四周杂草，施用充分腐熟的肥料。傍晚，人工捕杀树上的成虫，或用杀虫灯诱杀。②生物防治。夏季幼虫发生期，土壤浇灌昆虫病原线虫或白僵菌液，使其侵染幼虫致病死亡。③化学防治。发生严重的果园，在开花期，可以对树冠下的土壤进行药剂处理。一般选用5%辛硫磷颗粒剂，每亩3千克均匀撒在树冠下；也可用40%辛硫磷乳油500倍液喷洒树下土壤表面，然后耙动土壤使药剂接触出土成虫。

灰胸突鳃金龟

灰胸突鳃金龟（*Hoplosternus incanus* Motschulsky）又名灰粉鳃金龟，属昆虫纲鞘翅目鳃金龟科。国内分布在黑龙江、吉林、辽宁、内蒙古、河北、山西、陕西、山东、河南、湖北、江西、四川、贵州；国外分布于朝鲜、俄罗斯（远东部分地区）等。

[为害状] 灰胸突鳃金龟食性杂，幼虫取食甜樱桃、苹果、杨、槐等树木的地下部分以及花生、马铃薯、玉米等作物的地下部分。成虫取食甜樱桃、苹果、杨、槐等树木的花、嫩叶及果实等。

[形态特征] 成虫：体长22 ～ 31毫米，宽11 ～ 18毫米，近卵圆形，背面隆起。体色呈深褐色或栗褐色，鞘翅色淡。全体密被短灰黄色或灰白色鳞状毛，头部宽大，唇基前方收狭，边缘上卷，前缘中段微凹并隆起。鞘翅肩突、臀突均发达，每侧有3条纵肋。

卵：椭圆形，乳白色，临近孵化时可看到棕色上颚，平均分布在10 ～ 20厘米深的土壤中。

幼虫：三龄幼虫体长50 ～ 60毫米，头宽5 ～ 10毫米，头长4.5 ～ 5.5毫米。低龄幼虫体色乳白，三龄老熟幼虫体色为黄色。

蛹：体长26 ～ 28毫米，宽10 ～ 14毫米，初期为黄色，后期逐渐变褐。

幼虫为害根系

成虫为害叶片

蛹

［发生规律］灰胸突鳃金龟在辽宁两年完成1代。以幼虫在土壤内越冬，成虫发生期为6月至9月中旬。7月初开始产卵，卵期平均19天。7月末始见一龄幼虫，一龄幼虫期平均192天，当年均以一、二龄幼虫越冬。经越冬的一、二龄幼虫，于第二年3月下旬开始返回10～40厘米的耕层为害樱桃树根系。5～6月相继进入三龄期，这个时期的幼虫食量大增，为害樱桃根系

最为严重，当年10月上中旬，以三龄幼虫进入80 ~ 120厘米深的土层中越冬。第三年3月下旬至4月初上升至耕作土层，部分个体取食一些植物的根及其他地下部分，大多数个体已不再取食，老熟幼虫在20 ~ 40厘米深处做土室化蛹。预蛹期约12天，于5月上旬进入蛹期，蛹期约25天，6月上旬始见羽化的成虫。化蛹盛期在6月中旬，羽化盛期在7月中旬，三龄幼虫期平均长达343天，其中有很少部分三龄幼虫会在土壤中蛰伏680天。当平均气温达到23℃时，成虫开始出土活动。成虫一般昼伏夜出，但在成虫盛发期白天也可以见到其飞行和在树木上取食交配。成虫具有强烈的群集性、趋光性和假死性。成虫白天不全部潜回土中，大部分在树冠叶片背面潜伏取食，若突然用力振动树干，成虫因受惊假死坠落地面。

［防治技术］

①物理防治。清除园区树叶、杂草及灌木周围的动物粪便，深施充分腐熟的有机肥。初冬时深翻土壤，可将大量幼虫暴露于地表，使其冻死、风干及被天敌啄食。成虫发生期，利用成虫有很强的趋光性可悬挂杀虫灯进行诱捕。依据成虫的假死性，可在树下铺一块塑料布，振动树干，迅速将掉落的成虫进行收集捕杀。②化学防治。在成虫发生盛期，可对树冠喷施2.5%溴氰菊酯乳油2 000倍液进行防治。于幼虫在浅表层活动时期，对树盘下进行药剂灌根，可选用30%辛硫磷乳油100 ~ 200倍液，一般6年生甜樱桃树灌药液量为10千克/株，或在树盘下挖环状或者放射性沟，用3%辛硫磷颗粒剂撒于沟内，覆土，浇水即可。③生物防治。7 ~ 8月灰胸突鳃金龟一龄幼虫发生期，土壤浇灌昆虫病原线虫悬浮液，使其侵染幼虫致病死亡。

毛黄鳃金龟

毛黄鳃金龟（*Holotrichia trichophora*）属鞘翅目鳃金龟科。分布于辽宁、河南、河北、山东、山西、陕西、湖北、天津、北京、内蒙古、安徽、甘肃、江苏、江西、浙江、福建等地。

［为害状］成虫不取食。低龄幼虫取食土壤有机质，不为害植物根系。二、三龄幼虫为害果树及作物根部。

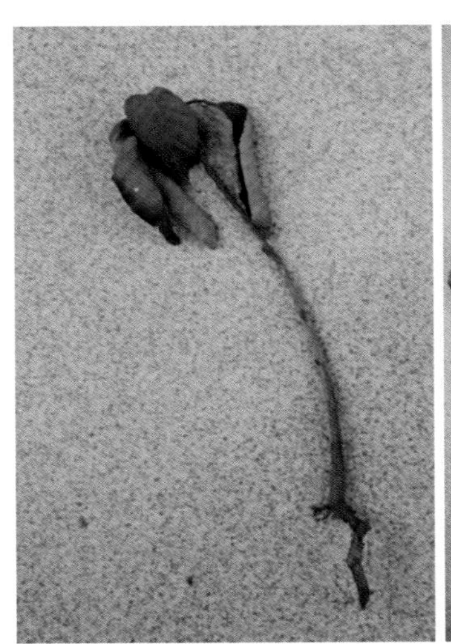

幼虫为害甜樱桃苗根系

［形态特征］

成虫：体长14 ~ 18毫米、宽8 ~ 10毫米，长椭圆形，隆起。身体光亮，黄红色，鞘翅色较浅。触角9节，上生稀毛，小盾片有短毛。

卵：初产卵乳白色，不透明，长椭圆形，孵化前土黄色，产卵深度在8 ～ 20厘米的湿润土层里。

幼虫：三龄幼虫体长31 ～ 41毫米，头宽4.0 ～ 4.8毫米，头长3.0 ～ 3.2毫米。头部前顶刚毛每侧7根，呈1纵列，后顶刚毛1 ～ 2根。额中刚毛每侧由12 ～ 14根组成一簇。

蛹：体长20 ～ 25毫米，宽10 ～ 12毫米。初化蛹为乳白色，后变为橙黄色，羽化前头、胸、足棕褐色。

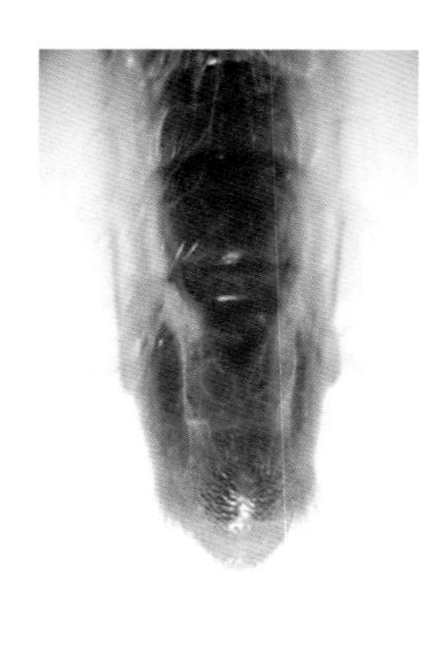

幼虫肛腹片

二龄幼虫

［发生规律］毛黄鳃金龟在辽宁一年发生1代，以成虫、少数蛹和老熟幼虫在土壤内越冬。在辽宁省大连市甘井子区营城子地区观察，成虫在地下土层80 ～ 130厘米深处越冬。翌年3月中下旬至6月成虫出土，4月中下旬开始产卵。卵期20天左右，5月底至6月初为卵孵化盛期，6 ～ 8月为幼虫发生期。9月中旬田间可见预蛹，预蛹期15天，10月中上旬开始羽化，成虫羽化后做土室越冬。一龄幼虫取食土壤中的腐

殖质，一般不为害植物根系。二龄幼虫开始取食樱桃根系，多年生甜樱桃树地上部表现不明显，但樱桃苗受害较重。樱桃苗被害后生长缓慢，矮化瘦黄，逐渐枯死。三龄幼虫为害甜樱桃树根可造成死苗、死树等，严重者甚至毁园。成虫一般昼伏夜出，趋光性极弱，活动能力不强。大连地区晚上7时以后开始出土活动，成虫一般不取食，出土后觅偶交配，交配后入土潜伏。

［防治技术］

①物理防治。入冬前深耕，破坏成虫的越冬场所。在11月下旬“小雪”后，最低温度在零下3～5℃，对为害严重的樱桃园，深耕40厘米，破坏越冬土室使其冻死或者机械伤害致死。②生物防治。低龄幼虫发生期，土壤浇灌昆虫病原线虫，使其侵染幼虫致病死亡，有一定效果。③化学防治。成虫入土产卵至二龄幼虫在浅表层活动期，可对树盘或整畦进行药剂灌根，每亩可施用40%辛硫磷乳油600～800倍液，以药液浸湿10厘米土层为宜。也可在树盘下挖环状或者放射性沟，用3%辛硫磷颗粒剂撒于沟内，覆土，浇水即可。

桃红颈天牛

桃红颈天牛（*Aromia bungii* Faldermann）又名红颈天牛、红脖子天牛、铁炮虫、哈虫。属鞘翅目，天牛科。主要分布于北京、东北、河北、河南、江苏等地。主要为害樱桃、桃、杏、李、梅等，是核果类果树枝干的主要害虫。

［为害状］以幼虫蛀食果树枝干，幼虫在树干内由上向下蛀

食，蛀道弯曲没有规则，道内充塞木屑和虫粪，并自虫孔排出大量红褐色木屑状粪便。破坏皮层和木质部，影响水分和养分的输送，导致树势急剧衰弱，甚至枯死。为害所造成的伤口容易感染各种枝干病害和流胶。

桃红颈天牛蛀道

［形态特征］

成虫：体长26 ~ 37毫米，体黑色发亮，前胸背面红色，两侧缘各有1个刺状突起，背面有4个瘤突。触角丝状，蓝紫色。鞘翅翅面光滑，基部比前胸宽，端部渐狭。

幼虫：老熟幼虫体长40 ~ 50毫米，乳白色，近老熟时黄白色。前胸较宽广，前胸背板前半部横列4个黄褐色斑块。

卵：长椭圆形，长6 ~ 7毫米，乳白色。

蛹：长25 ~ 36毫米，黄白色，近羽化时变成黑褐色，前胸两侧和前缘中央各有1个突起。

桃红颈天牛成虫

桃红颈天牛幼虫

［发生规律］在北方2～3年发生1代，以幼虫在树干蛀道内越冬2次。春季樱桃发芽时越冬幼虫开始活动取食。在山东，成虫于7月上旬至8月中旬出现；在北京，7月中旬至8月中旬为成虫发生盛期。成虫飞翔能力较差，晴天中午常静息在枝条上。成虫产卵在离地表约1.2米以内的主干、主枝表皮裂缝处，其中在距地面35厘米左右处的树干上产卵最多。产卵处皮层隆起裂开，外观呈L形或T形伤口，并有泡沫状胶液流出，易于识别。卵期8～10天，孵出的幼虫直接在皮下蛀食为害，当年完成一、二龄，以三龄幼虫在韧皮部和木质部之间的虫槽里越冬。第二年春季又开始活动为害，向木质部钻蛀，并向蛀孔外排出大量锯末状虫粪，堆积在树干基部。当幼虫蛀入木质部时，先向髓部蛀食，然后向下蛀食。发育成五龄幼虫后，在虫道或羽化室里越冬。第三年5～6月，滞育的老熟幼虫黏结虫粪、木屑开始化蛹，蛹期20～25天，然后羽化出成虫。

［防治技术］

①人工防治。成虫发生期，利用中午在田间捕杀树上的成虫。果树生长季节，于田间查找新虫孔，用铁丝钩掏杀蛀孔内的幼虫。在红颈天牛产卵期绑草绳，可使幼虫因不能蛀入树皮而死亡。②树干涂白。成虫产卵前，在主干上涂白涂剂（生石灰10份、硫黄1份、食盐0.2份、动物油0.2份、水40份混匀），防止成虫产卵。③生物防治。用注射器把昆虫病原线虫液灌注到蛀孔内，使线虫寄生天牛幼虫；或于田间释放管氏肿腿蜂或花绒寄甲。④药剂防治。在离地表1.5米范围之内的主干和主枝上，于成虫出现高峰期（约7月中下旬）后1周开始，用40%毒死蜱乳油800倍液喷树干，10天后再喷1次，毒杀初孵幼虫。对蛀孔内较深的幼虫用磷化铝毒签塞入蛀孔内，或者用注射器向孔内注入80%敌敌畏乳油或40%辛硫磷乳油20～40倍液，并用黄泥封闭孔口。

塞毒签防治桃红颈天牛

金缘吉丁虫

金缘吉丁虫（*Lampra limbata* Gebler）又名梨金缘吉丁、翡翠吉丁虫、梨吉丁虫，俗称串皮虫、板头虫。属鞘翅目，吉丁甲科。国内分布于华北、华东、西北及辽宁、江西、湖北等地。为害樱桃、梨、桃、杏、李、苹果、山楂等果树。

［为害状］以幼虫蛀食果树枝干，多在主枝和主干上的皮层下纵横串食。樱桃树被害状不甚明显，表皮稍下陷，敲击有空心声，树势逐渐衰弱或枝条死亡。被害枝上常有扁圆形羽化孔。

［形态特征］

成虫：体纺锤形稍扁。雌成虫体长16～18毫米，雄成虫

金缘吉丁虫蛀孔

金缘吉丁虫蛀道

12 ~ 16毫米。全体翠绿色并有黄金色金属光泽。头、前胸背面及翅鞘上有几条由蓝黑色斑点组成的纵条纹，翅合拢时翅鞘两侧各有1条金红色纵条纹，因此得名。触角锯齿状，黑色。

卵：长扁椭圆形，长约2毫米。初产乳白色，近孵化时黄褐色。

幼虫：老熟幼虫体长30 ~ 40毫米，扁平状，乳黄色。前胸膨大，背板中央有1个深色“八”字形凹纹。

蛹：裸蛹，体长15 ~ 20毫米。初期乳白色，后渐变绿，再变紫红，有金属光泽。

［发生规律］由南向北1 ~ 2年完成1代，山东、河南、山西2年1代。以大小不同龄期的幼虫在虫道内越冬。果树萌芽

时开始继续为害，3 ～ 4月化蛹，5 ～ 6月发生成虫。成虫白天活动，有趋光性和假死性，羽化后先取食叶片，将叶缘吃成缺刻。10余天后成虫开始产卵，喜在弱树弱枝上产卵，散产于枝干树皮缝内和各种伤口附近，以阳面居多。6月上旬为卵孵化盛期，幼虫孵出后先蛀食嫩皮层，逐渐深入，最后在皮层和木质部间蛀食为害。虫道螺旋形，不规则，道内堆满虫粪。枝条被害处常有汁液渗出，虫道绕枝一周后上部即枯死。一般树势衰弱、土壤瘠薄、伤疤多的果园发生严重。9月以后，幼虫逐渐进入越冬。

[防治技术]

①人工防治。果树发芽前，结合修剪，剪除虫枝，集中烧毁；或用铁丝钩杀蛀道内的幼虫。成虫早、晚有假死性，在其盛发期，早晨可振动树枝，利用假死性来捕杀成虫，夜晚用黑光灯诱杀成虫。②农业防治。加强栽培管理，合理肥水和负载，增强树势，避免造成伤口，减轻害虫发生。③化学防治。成虫羽化期，在枝干上喷洒4.5%高效氯氰菊酯乳油或20%氰戊菊酯乳油2 000倍液，或40%毒死蜱乳油1 000倍液。在树干上包扎塑料薄膜封闭，上下端扎口，内放浸有敌敌畏乳油的棉球，可以杀死皮内幼虫。

桑 盾 蚧

桑盾蚧[*Pseudaulacaspis pentagona* (Targioni-Tozzetti)]又称桑白蚧、桑白盾蚧、桑介壳虫、桃介壳虫。属同翅目，盾蚧科。在我国果区发生较严重。主要为害樱桃、桃、李、杏等核果类果树，还为害枇杷、梨、葡萄、柿、核桃、柑橘、梅、桑树等。

［为害状］以若虫和雌成虫聚集固着在枝条上刺吸为害。2～3年生枝条受害最重，严重时整个枝条被虫体覆盖起来，使枝条呈灰白色。受害重的枝条发育不良，甚至整枝或整株枯死。

桑盾蚧为害枝干状

［形态特征］

成虫：雌成虫宽卵圆形，体长1～1.3毫米，橙黄色或淡黄色，体上覆盖灰白色介壳。介壳长2～2.5毫米，近圆形，背面隆起，壳点黄褐色，偏向一方。雄成虫体长0.65～0.7毫米，橙色或橘红色，腹部末端有性刺1根，翅灰白色。雄虫介壳细长，长1～1.5毫米，灰白色，背面有3条隆脊，橙黄色壳点位于前端。

卵：椭圆形，长0.22～0.3毫米。初为粉红色，后变为橙色或淡黄褐色。

若虫：扁椭圆形，长0.3毫米左右，初孵时淡黄褐色，有触角和足。二龄若虫的足消失，逐渐分化成雌、雄虫。

桑盾蚧成虫（放大）

桑盾蚧卵（放大）

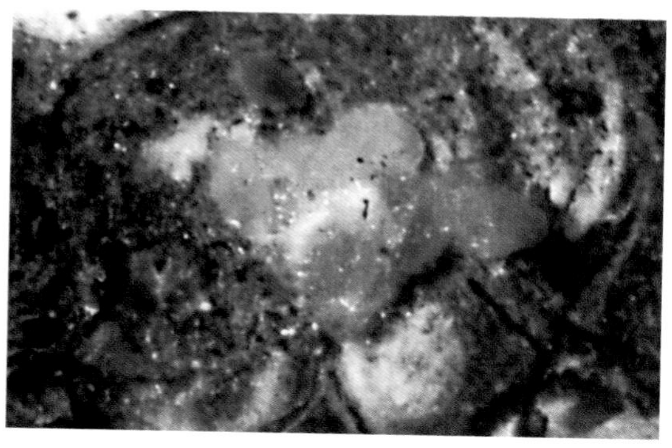

桑盾蚧初孵若虫（放大）

［发生规律］由北向南，1年发生2～5代，山东露地2代，保护地约3代，四川、浙江3代，广东5代。以受精雌成虫在枝条上越冬。翌年樱桃树芽萌动后，越冬雌成虫开始吸食枝条汁液，虫体迅速膨大。在露地樱桃树上4月中下旬开始产卵，一雌虫产卵40～400粒。5月上旬至中旬出现第一代若虫，若虫爬行在母体附近的枝干上吸食汁液，固定后分泌白色蜡粉，形成介壳。6月中下旬出现第一代成虫，7月中下旬产第二代卵，第二代若虫孵化盛期为8月上旬。9月下旬发育成受精雌成虫进入越冬。

［防治技术］

①人工防治。冬季、早春结合修剪，人工刮除枝条上的越冬虫体，剪除受害严重的枝条。②生物防治。红点唇瓢虫是主要天敌，应注意保护和利用。参见第四章瓢虫部分。③药剂防治。早春樱桃树发芽前喷5波美度石硫合剂，或90%机油乳剂50倍液。各代卵孵化盛期即若虫分散期喷施10%吡虫啉可湿性粉剂2 000倍液或3%啶虫脒乳油1 000倍液，或5.7%高效氯氰菊酯乳油1 500倍液。

朝鲜球坚蜡蚧

朝鲜球坚蜡蚧（*Didesmococcus koreanus* Borchs）又名桃球蚧、桃球坚蚧、杏球坚蚧、朝鲜球蜡蚧、杏毛球蚧。属同翅目，坚蚧科。国内分布广泛。主要为害樱桃、杏、李、桃、梅等，也为害苹果和梨。

［为害状］以若虫及雌成虫群集固着在枝干上吸食汁液。被

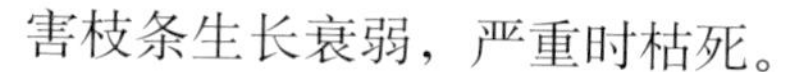

害枝条生长衰弱，严重时枯死。

［形态特征］

成虫：雌虫体半球形，直径约4毫米，高3.5毫米。前面、侧面下部凹入，后面近垂直。初期介壳软，黄褐色；后期硬化，红褐至黑褐色。雄虫长扁圆形，体长约2毫米，介壳白色，半透明。

卵：椭圆形，长约0.3毫米。初白色渐变粉红，卵壳表面有一层白色蜡粉，后变橙黄色。

朝鲜球坚蜡蚧雌成虫

朝鲜球坚蜡蚧卵（放大）

若虫：初孵若虫扁椭圆形，体长约0.5毫米，淡粉红色，腹部末端有两条细毛，长尾丝。越冬后的若虫淡褐色，尾毛消失。

［发生规律］1年发生1代，以二龄若虫在小枝条上覆盖于灰白色蜡层下越冬。樱桃树萌芽时开始活动，从蜡壳下爬出在枝条上寻找新的固着点，然后群集固着在枝条上刺吸为害。随着虫体长大出现雌雄分化，雌虫背部膨大呈近球形。雄虫则分泌白色蜡质，形成介壳，经过拟蛹期羽化为成虫。4月中旬开始羽化交配，交配后雌虫迅速膨大。5月中旬前后产卵于介壳下。每雌可产卵千余粒。经10天左右，卵孵化。5月中旬至6月上旬初孵若虫从母体介壳下爬出，分散到枝条上固着为害，并分泌蜡质。10月上旬开始越冬。

［防治技术］

①人工防治。春季雌成虫产卵前，人工刮治膨大的介壳虫。②生物防治。主要天敌为黑缘红瓢虫和寄生蜂，参见桑盾蚧。③化学防治。在初孵若虫期喷药防治，参见桑盾蚧。

草　履　蚧

草履蚧（*Drosicha corpulenta* Kuwana）又名草履硕蚧、草鞋介壳虫，俗名桑虱子。属同翅目，硕蚧科。在我国多数果区均有分布。为害桃、樱桃、苹果、梨、柿、核桃、枣等多种果树，也为害海棠、樱花、无花果、紫薇、月季、红枫等花木。

［为害状］以雌成虫及若虫群集于枝干上吸食汁液，刺吸樱桃的嫩芽、嫩枝和果实，导致树势衰弱，发芽推迟，叶片变黄。

严重时引起早期落叶、落果，甚至枝梢或整枝枯死。

［形态特征］

成虫：雌成虫无翅，扁椭圆形，近似鞋底状，背面隆起，体长约10毫米，黄褐色至红褐色，外周淡黄色，触角鞭状。雄成虫体长约5毫米，翅展约10毫米，头及胸部黑色，腹部浓紫红色，末端有4根枝刺；前翅淡黑色，半透明；触角鞭状，黑色。

草履蚧雌雄虫交尾

卵：近扁球形，直径约1毫米，黄红色。卵产于卵囊内，卵囊为白色棉絮状物。

若虫：与雌成虫相似，但体小，色深。

草履蚧雌成虫

草履蚧若虫

［发生规律］该虫1年发生1代，以卵在树干基部附近的土壤中越冬。在山西、陕西等地，越冬卵大部分于翌年2月中旬至3月上旬孵化。孵化后的若虫，先停留在卵囊内，待寄主萌动时，开始上树为害。一般2月底若虫便开始上树，3月中旬为上树为害盛期，4～5月初为害最重。若虫上树多集中于上午10时至下午14时，顺树干向上爬至嫩枝、幼芽、叶片等处吸食为害，虫体较大后则在较粗的枝上为害。一龄若虫为害期长达50～60天，经两次蜕皮后雌、雄虫分化。雄若虫蜕皮3次后下树，寻找果树老翘皮、裂缝、土缝等隐蔽处做薄茧化蛹，蛹期约10天。5月上旬羽化为成虫，交尾后的雌成虫仍在树上为害；5月中下旬雌成虫开始下树入土，分泌卵囊产卵。每头雌成虫产卵50～70粒，以卵越夏、越冬。

［防治技术］

①人工防治。在冬季施基肥、翻地时，人工深挖树盘将越冬卵囊翻入深土中，杀灭越冬虫卵。5月中旬即雌虫产卵期，在主干周围挖坑，填上杂草、树叶，诱集成虫产卵，然后收集烧毁。②物理防治。在上年发生严重的果园，2月初在树干基部涂抹宽约10厘米的黏虫胶。黏虫胶可购买，也可利用废机油1千克加入沥青1千克，溶化混匀后使用。隔10～15天涂抹一次，共涂2～3次。注意及时清除黏在胶上的若虫。也可用透明、光滑的塑料胶带缠绕树干一周。在胶带环下面涂药环，药剂按润滑脂：机油：敌敌畏乳油5：2：1配制，每10～15天涂1次，可杀死环下活虫。③药剂防治。草履蚧发生严重的果园从2月底3月初开始，对果树的主干或枝条进行喷药，5～7天喷1次，连喷3～4次。药剂可选用40%辛硫磷乳油800倍液或4.5%高效氯氰菊酯乳油1 500倍液。

黑　蚱　蝉

黑蚱蝉（*Cryptotympana atrata* Fabricius）又名蚱蝉、黑蝉，俗名知了、知了猴，马肚了。属同翅目，蝉科。为害樱桃、桃、苹果、杏、梨、榆、桑、杨等多种果树和林木。国内大部分省份有分布。

[为害状] 以若虫在土壤内刺吸取食植物根系。以雌成虫在当年生枝梢上刺穴产卵，造成斜线状裂口，导致产卵口上部枝梢干枯死亡。

黑蚱蝉为害状

[形态特征]

成虫：体长40～48毫米，全体黑色，有光泽。中胸背板宽大，中央有黄褐色X形隆起。前后翅透明，基部翅脉金黄色。雄虫腹部有鸣器，雌虫没有。

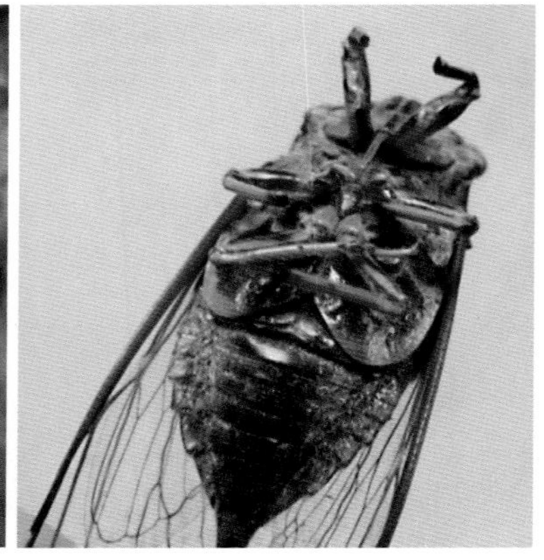

黑蚱蝉成虫

卵：长椭圆形，乳白色，长2.5毫米。

若虫：体黄褐色，有光泽。前足有齿刺，翅芽发达，复眼黑色。

黑蚱蝉卵

黑蚱蝉若虫

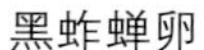

［发生规律］该虫多年发生1代，以若虫在土壤中、以卵在寄主枝条内越冬。若虫在土壤中刺吸植物根部，为害数年。6月老熟若虫在傍晚钻出地面，爬到树干及植物茎秆上，清晨蜕皮羽化。成虫栖息在树干上，雄虫夏季不停地鸣叫，雌虫不发声。8月为产卵盛期。以卵越冬者，翌年6月孵化若虫，并落入土中生活，秋后向深土层移动越冬，来年随着气温的回暖，上移刺吸为害树木根系。

［防治技术］

①剪除卵枝。冬季和早春，结合修剪剪除带有蚱蝉卵的枝条，带出园外集中焚烧。②人工捕捉。利用老熟若虫夜间上树而不能在光滑面上爬行的习性。在主干基部包扎塑料薄膜带或透明胶带，可阻止老熟若虫上树羽化，人工捕杀滞留在树干上的若虫。③火光诱捕。利用成虫有趋光和赴火的习性，成虫发生期在果园外面的空闲地上点燃火堆，然后摇动火堆附近的果树枝梢，成虫便飞往火堆处，实施人工捕杀。④生物防治。天敌有田鼠、麻雀、螳螂、白僵菌、绿僵菌和虫生薄菌（蝉花）等，应加以保护利用。

斑　衣　蜡　蝉

斑衣蜡蝉（*Lycorma delicatula* White）又名叶椿皮蜡蝉，俗称花姑娘。属同翅目，蜡蝉科。可为害樱桃、板栗、椿、梅、珍珠梅、海棠、桃、葡萄、石榴等多种植物，最喜臭椿、香椿、葡萄。

［为害状］以成虫、若虫群集在叶背、嫩梢上刺吸为害。栖

息时头翘起，有时可见数十头群集在新梢上，排列成一条直线。引致被害植株嫩梢萎缩、畸形等，严重影响植株的生长和发育。

［形态特征］

成虫：体长14 ~ 20毫米，翅展40 ~ 50毫米，全身灰褐色。前翅革质，基部约2/3为淡褐色，翅面具有20个左右的黑点，端部约1/3为深褐色。后翅膜质，基部鲜红色，具有7 ~ 8个黑点，端部黑色。头角向上卷起，呈短角突起。

斑衣蜡蝉成虫

卵：长方柱形，土褐色，长约3毫米。40 ~ 50粒排列成块，卵块排列整齐，外被土褐色蜡粉。

若虫：该虫在生长发育过程中体色变化很大。小若虫体黑色，上面具有许多小白点。大龄若虫通红的身体上有黑色和白色斑纹。

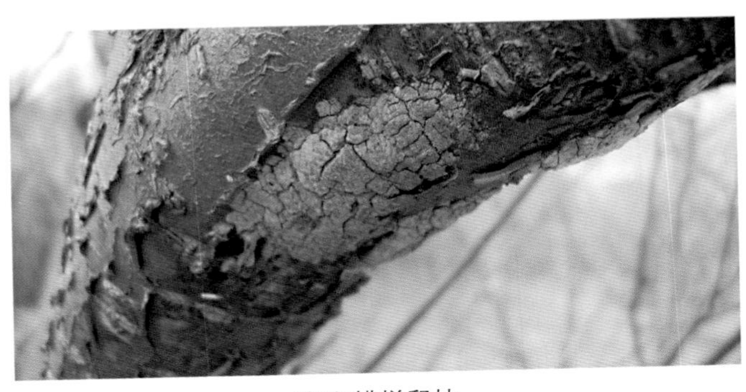

斑衣蜡蝉卵块

斑衣蜡蝉低龄若虫

［发生规律］1年发生1代。以卵在树干或附近建筑物上越冬。翌年4月中下旬若虫孵化为害，5月上旬为盛孵期，稍有惊动若虫即跳跃活动。经3次蜕皮，6月中、下旬至7月上旬羽化为成虫，8月中旬开始交尾产卵，卵多产在树干的背阴侧，或树枝分杈处。成、若虫均具有群栖性，飞翔力较弱，但善于跳跃。

［防治技术］

①人工防治。结合冬季修剪，刮除卵块。在果园周围种植臭椿或香椿引诱斑衣蜡蝉，然后在椿树上喷药集中消灭。②化学防治。若、成虫发生期，可喷洒4.5%高效氟氯氰菊酯乳油2 000倍液，或2.5%溴氰菊酯乳油2 000倍液进行防治。

樱　桃　鸟　害

一般鸟类以昆虫、植物果实为食，不免对一些粮食作物和水果造成危害，特别是成熟较早的樱桃果实受害最重。据调查，为害樱桃的鸟类主要有喜鹊、麻雀、灰喜鹊。它们在樱桃着色期啄食果肉，造成减产或品质降低。同时很多鸟在啄食果实的同时边吃边挠，造成大量果实掉落。

鸟为害樱桃果实状

[防治技术]

①人工驱鸟。在鸟为害樱桃期间，在果园放鞭炮、敲锣，树上栓放画有鹰眼的气球、彩旗、亮片和彩条，可以起到恐吓和驱赶鸟的作用。但最有效的方法是在果树上方和果园四周罩防鸟网，虽然罩网费用高，但可以长时间控制鸟害。②利用智能驱鸟器。驱鸟器有多种声音模式可供转换，可在一定程度上减轻鸟类的适应性。

第四章　樱桃园主要天敌及保护利用

瓢　虫　类

瓢虫属鞘翅目，瓢虫科。有很多种，常见的种类有异色瓢虫、七星瓢虫、龟纹瓢虫、黑缘红瓢虫、红点唇瓢虫、深点食螨瓢虫。它们以成虫、幼虫捕食蚜虫、叶螨、介壳虫、鳞翅目害虫的卵和小幼虫等。不同瓢虫大小、颜色、习性各异，分述如下。

1. 异色瓢虫〔*Leis axyridis*（Pallas）〕

〔形态特征〕成虫体卵圆形，长5.4 ~ 8.0毫米，鞘翅颜色和花纹多变，鞘翅颜色为黑色时，花纹多为红色或黄色斑点，鞘翅颜色为黄、橙黄色时，花纹可为1 ~ 19个黑点。卵纺锤形，

异色瓢虫成虫

长2.1毫米，黄色，十几粒排在一起。幼虫头部黑色，体黑紫色，腹部两侧有橙黄色斑纹，体节上有刺毛。蛹椭圆形，黄褐色，背面有黑点分布。

异色瓢虫卵

异色瓢虫幼虫

［捕食及生活习性］该瓢虫能捕食多种果树蚜虫、棉蚜、菜蚜、豆蚜、介壳虫、木虱、蛾类卵及鳞翅目小幼虫。1年发生4～5代，以成虫在石缝、落叶、草堆、房屋内等处越冬。春季

异色瓢虫蛹

果树发芽前开始出蛰活动，在果树生长期均可见该瓢虫，但在春季蚜虫发生期数量最多。

2. 黑缘红瓢虫（*Chilocorus rubidus* Hope）

［形态特征］成虫体近圆形，长5.2～6.0毫米，宽4.5～5.5毫米，背面光滑无毛，头、前胸背板及鞘翅周缘黑色，鞘翅基部及背面中央枣红色，鞘翅肩角较宽。卵椭圆形，表面光滑，长1毫米，初产时白色，后变黄色，孵化前橙黄色。老龄幼虫体长8～10毫米，淡棕色，体表有灰色枝刺。蛹淡黄色至橙黄色，长4～5毫米，体背橙黄色，外包幼虫蜕皮壳，壳背裂开露出蛹背。

［捕食及生活习性］该瓢虫主要捕食朝鲜球坚蜡蚧、东方盔蚧、白蜡虫等。1年发生1代，以成虫在树穴、石缝、草堆、落叶等处越冬。翌春4月天气暖和时开始活动取食，4月上中旬至5月上中旬大量产卵。卵期20～30天，幼虫孵化后不久即捕食介壳虫。5月上中旬至6月大量化蛹，幼虫化蛹有群集的习性，常数十头聚集在大枝背阴处，5月下旬至6月下旬大量

黑缘红瓢虫成虫

黑缘红瓢虫卵

黑缘红瓢虫幼虫

黑缘红瓢虫蛹

发生成虫。夏天，成虫栖息在树荫处的叶背，不食不动，进入滞育期越夏。9 ~ 10月气温下降，又开始活动捕食介壳虫，并进行交尾，11月上中旬开始越冬。1头瓢虫一生可捕食介壳虫2 000头左右。

3. 红点唇瓢虫（*Chilocorus kuwanae* Silvestri）

［形态特征］成虫体近圆形，体长3.8 ~ 4.5毫米，背面黑色而有光泽，每1鞘翅中央各有1红褐色近圆形斑，胸部腹面黑色，腹部腹面褐黄色。老熟幼虫体长6毫米，头部及足褐色，胴部灰褐色，刺毛上着生黑色小枝。蛹体卵形，一头略尖，外包幼虫的蜕皮壳，壳背裂开，蛹背黑褐，有黄色线纹。

红点唇瓢虫成虫

［捕食及生活习性］可捕食桑盾蚧、梨圆蚧、龟蜡蚧、桃球蚧、朝鲜球坚蜡蚧、东方盔蚧、牡蛎蚧、柿绒蚧、松干蚧等多种介壳虫。1年发生2代，以成虫潜伏在树干裂缝、石缝、枯枝落叶等处越冬。4月出来活动，继续捕食介壳虫类，并在桑盾蚧、梨圆蚧等的空壳下、树皮缝等处产卵。成虫1天可捕食50余头介壳虫。

4. 龟纹瓢虫 [*Propylea japonica* (Thunberg)]

[形态特征] 成虫体长3.8～4.7毫米，宽2.9～3.2毫米，黄色至橙黄色，鞘翅上有龟纹状黑色斑纹，鞘翅上的斑纹变化多端，有的黑斑扩大相连，有的黑斑缩小成独立的斑点。卵纺锤形，黄色，长约0.8毫米。老熟幼虫体长约7毫米，黑色，身体背面及两侧有黄色小斑纹。蛹体长约3毫米，黄色，背面有黑斑。

龟纹瓢虫成虫

[捕食及生活习性] 龟纹瓢虫可捕食蚜虫、叶蝉、飞虱等害虫。每年发生7～8代，以成虫在土缝中、石块下越冬。翌年3月开始活动，在果园捕食蚜虫和叶蝉。该瓢虫耐高温，喜潮湿，是夏季果园中瓢虫类的优势种。

5. 深点食螨瓢虫 (*Stethorus punctillum* Weise)

[形态特征] 个体很小，全体黑色。成虫体椭圆形，体长1.3～1.5毫米，宽1.0～1.2毫米，表面密布黄白色细毛。老熟幼虫橙红色，长椭圆形，体长2～2.2毫米，胸部各节背线两侧各有黑褐色斑纹一个,各腹节上有毛疣,上生灰黄色短毛。

[捕食及生活习性] 能捕食多种果树害螨的成螨、幼螨、若螨和卵。1年发生4～5代，以成虫在树干老皮下、裂缝、树干基部土壤内、落叶下、附近建筑物、草堆等处越冬。4月上旬果树展叶后开始出来活动，5月中旬开始产卵，卵散产于叶面红蜘蛛较多的地方，5月下旬出现幼虫。6～9月均有成虫，每头雌成虫产卵80～200粒。1头雌成虫每天可捕食叶螨36～90头，

整个成虫期捕食害螨1 158 ～ 2 467头，幼虫期捕食136 ～ 830头。10月下旬开始越冬。

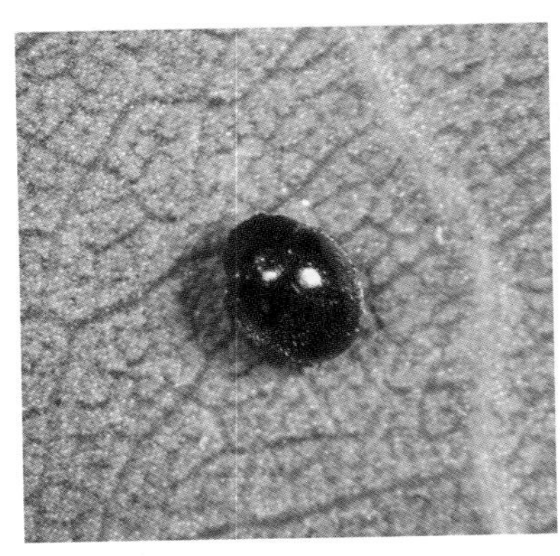

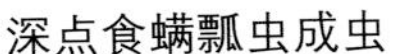
深点食螨瓢虫成虫

深点食螨瓢虫幼虫

〔保护利用〕

①在瓢虫发生期，果园内喷洒选择内吸性杀虫剂（吡虫啉、啶虫脒、噻虫嗪、螺虫乙酯、氟啶虫胺腈）、昆虫生长调节剂（灭幼脲、氟虫脲、虫酰肼）、生物杀虫剂（苏云金杆菌）和专性杀螨剂如螺螨酯、克螨特等防治害虫和害螨。②人工助迁瓢虫。从瓢虫发生数量多的果园、麦田、菜园，于早晚采集瓢虫成虫，移放于瓢虫少、害虫（螨）发生数量多的果园。如果当时不用，把采集的大量成虫，连同枝叶装入塑料袋，暂时存放在5℃的冰箱或冷库内，需要时取出释放于果园。③保护越冬成虫。在果园内设置若干越冬场所，可用石块、落叶等在向阳温暖处堆成大小空穴，雨雪不易侵入，吸引成虫安全越冬。④人工饲养与繁殖。目前，有些研究机构和公司大量饲养部分瓢虫种类，可购买后按照说明书进行释放。

寄　生　蜂　类

寄生蜂是最常见的一类寄生性昆虫，属膜翅目。根据产卵部位不同，寄生蜂又分成外寄生和内寄生两大类。外寄生是指把卵产在寄主体表，让孵化的幼虫从体表取食寄主身体；内寄生是把卵产在寄主体内，让孵化的幼虫取食害虫体内的组织。寄生蜂的种类很多，分别寄生于寄主的不同发育阶段，常见的有小蜂、姬蜂、茧蜂、土蜂等。它们可寄生多种昆虫的幼虫、蛹和卵，能够消灭被寄生的昆虫。目前，在樱桃园常见的寄生蜂有卷叶蛾绒茧蜂、寄生黄刺蛾的上海青蜂、桑白蚧恩蚜小蜂、茶翅蝽沟卵蜂等。

1. 卷叶蛾绒茧蜂（*Apanteles* sp.）

［形态特征］卷叶蛾绒茧蜂属膜翅目，茧蜂科。主要寄生苹果小卷叶蛾。成虫体长约2.7毫米，黑色，触角丝状，翅透明，

卷叶蛾绒茧蜂茧

翅痣褐色。产卵器细长，约为腹部的2/3，鞘黑色，产卵管黄褐色。茧丝质白色，椭圆形，长约4.3毫米。

［捕食及生活习性］1年发生3代，以蛹在白茧内越冬，越冬部位同苹小卷叶蛾。春季，苹小卷叶蛾幼虫出蛰时此蜂羽化为成虫，产卵在卷叶蛾幼虫体内。寄生蜂幼虫在寄主体内发育成熟，然后钻出虫体在旁边做茧化蛹。

2. 上海青蜂（*Chrysis shanghalensis* Smith）

［形态特征］雌蜂体长9 ~ 11毫米，体黑色，有绿、紫、蓝色光泽，腹面蓝绿色。颜面、头顶中央至后头绿色有光泽。触

上海青蜂成虫

上海青蜂幼虫

角基部绿色，其余黄褐色。翅带黄色，翅脉黑褐色，有金属光泽。产卵管伸出，黄褐色。雄蜂体色大部分呈紫蓝色。

被上海青蜂寄生的黄刺蛾

［捕食及生活习性］主要寄生黄刺蛾幼虫。1年发生1代，以幼虫在寄主茧内越冬，翌年5～6月化蛹，6月上旬至7月中旬羽化成虫。羽化后咬破虫茧而出，雌雄交配后产卵。雌蜂产卵时，寻到黄刺蛾老熟幼虫茧，在茧上咬1小圆孔，然后将产卵管插入茧内刺蜇幼虫，产1粒卵于幼虫体上。卵孵化后，幼虫取食黄刺蛾幼虫体液，青蜂幼虫于翌年5～6月吐黄褐色丝于黄刺蛾茧内作成薄茧化蛹。

3. 桑白蚧恩蚜小蜂［*Encarsia berlesei*（Howard）］

该寄生蜂个体很小，在河北省昌黎地区1年发生6～7代，以老熟幼虫及蛹在越冬桑白蚧雌蚧体内越冬。5月上、中旬开始羽化，成虫羽化时首先将桑白蚧的介壳咬成小孔，然后飞出。桑白蚧恩蚜小蜂行孤雌生殖，卵单产于桑白蚧二龄虫体内。

4. 茶翅蝽沟卵蜂（*Trissolcus halyomorphae*）

该蜂为小型卵寄生蜂，在北京地区发生普遍，是茶翅蝽卵期的优势寄生蜂，其自然寄生率为20%～70%。该蜂1年发生多代，春季4月田间出现成蜂，发生盛期比茶翅蝽卵块出现高峰期晚20天左右，6月下旬达发生高峰。成虫喜好寄生新鲜的茶翅蝽卵块，当寄生蜂发育到幼虫期时，被寄生的蝽卵几乎呈透明的绿色。

[保护利用]

①寄生蜂成虫发生期，尽量不喷洒广谱触杀型杀虫剂，以免伤害它们。②田间发现寄生蜂茧或卵块，应注意收集，然后放入天敌释放器内，移放于果园内，使其羽化后发挥控虫效果。

被恩蚜小蜂寄生的桑白蚧

一种寄生梨小食心虫的寄生蜂

草　蛉

草蛉（*Chrysopa* spp.）又名草蜻蛉。属脉翅目，草蛉科。主要种类有大草蛉（*Chrysopa septempunctata* Wesmael）、丽草蛉（*Chrysopa formosa* Brauer）、中华草蛉（*Chrysopa sinica* Tjeder）。以幼虫（蚜狮）和成虫捕食樱桃黑瘤蚜、桃蚜、桃瘤蚜、苹果黄蚜、苹果瘤蚜、梨蚜等多种蚜虫。亦捕食红蜘蛛及其卵，还能捕食各种夜蛾、造桥虫的卵，也捕食卷叶虫的小幼虫以及介壳虫等。

［形态特征］

成虫：身体细长，体色有绿色、褐色、灰白，果园常见的多为绿色的大草蛉。大草蛉体长14毫米，复眼金绿色，触角多为丝状。翅膜质透明，翅脉密如网状，翅脉多为绿色。身体上生有保护臭腺，当受到刺激时即释放臭气。

草蛉成虫

卵：呈绿色橄榄形，除少数种类外，绝大部分种类的卵底部均有1根富有弹性的丝柄，以丝柄着生在枝叶或树皮上，将卵粒顶起。

幼虫：纺锤形，体色黄褐、灰褐或赤棕，因种而异，体表刚毛发达，成束着生在体侧瘤突上，头部前端有1对钳形口器。

蛹：结茧化蛹，茧丝质白色，近圆球形。

草蛉卵

草蛉幼虫

草蛉茧

［发生规律］1年发生3 ～ 5代，以蛹在白茧中越冬，多分布于落叶中、翘皮下、树缝内。4月中、下旬大量成虫羽化，5 ～ 10月均有成虫发生。成虫有趋光性，黑光灯及日光灯均可诱集大量成虫。草蛉幼虫捕食害虫时，用口器钳住猎物并刺入体内吸取猎物体液。1头幼虫可捕食蚜虫600 ～ 700头，成虫捕食蚜虫500头左右，1头草蛉一生能消灭蚜虫1 000 ～ 1 200头。幼虫老熟后在叶片背面或其他皱褶处结茧化蛹。9月下旬至11月中旬陆续结茧化蛹越冬。

［保护利用］

①保护越冬茧。冬季和早春，结合修剪与清园，把在树孔中、石缝内、翘皮下、落叶上发现的越冬茧收集起来，放于养虫笼中，存放在室内冷凉处。4月成虫羽化后，立即释放于果园。②田间保护。春季，在草蛉成虫、幼虫发生期，果园不宜喷洒触杀性菊酯类和有机磷类杀虫剂，其他时间也宜少用，以免伤害草蛉。③诱集成虫。夜间，用日光灯或黑光灯诱集草蛉成虫，然后移放于果园树上。④人工饲养。用蚜虫或米蛾卵等进行人

工饲养，将卵、幼虫或茧移放于果园。如一时不用，可将幼虫逐渐降温饲养，一般可降至12 ～ 15℃，待其结茧化蛹，即可冷藏于5 ～ 6℃的冰箱中。

食　蚜　蝇

食蚜蝇属双翅目，食蚜蝇科。主要种类有黑带食蚜蝇（*Episyrphus balteatus* De Geer）、狭带食蚜蝇（*Syrphus serarius* Wiedemann）、斜斑鼓额食蚜蝇（*Lasiopticus pyrastri* Linnaeus）。其幼虫（蛆）可捕食多种果树、蔬菜、作物蚜虫。成虫不能捕食害虫，早春多在花丛中取食花蜜。

［形态特征］不同食蚜蝇成虫大小、体形不同，体色单一暗色或常具黄、橙、灰白等鲜艳色彩的斑纹，某些种类则有蓝、绿、铜等金属色，外形似蜜蜂。但与蜜蜂的区别表现在，蜜蜂

食蚜蝇成虫

的触角呈屈膝状，食蚜蝇的触角为芒状；蜜蜂后足粗大，一般沾有花粉团，食蚜蝇的后足细长，似其他足；蜜蜂有两对翅，食蚜蝇只有一对翅，后翅呈棒状。食蚜蝇的卵白色，长形，卵壳具网状饰纹，一般产在蚜群中。幼虫白色、乳白色、浅褐色，蛆状，身上有多个突起。

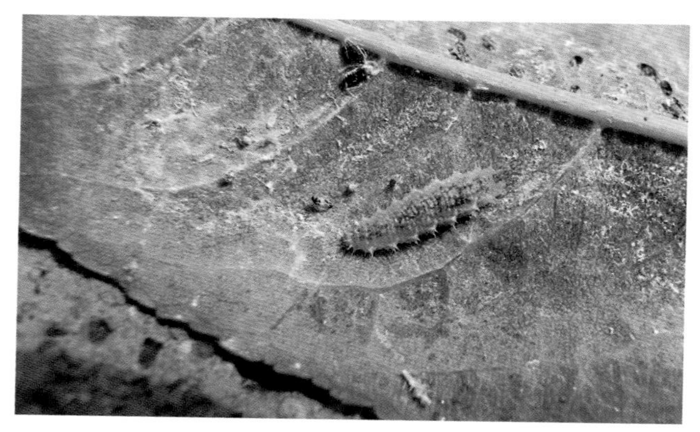

食蚜蝇幼虫

［发生规律］1年发生4～5代，以老熟幼虫、蛹或成虫越冬。4～12月田间均可见成虫。幼虫捕食蚜虫时，以口器抓住蚜虫，吸尽体液后扔掉蚜尸，每头幼虫可捕食蚜虫700～1 500头。幼虫老熟后在叶背或蚜虫危害造成的卷叶中化蛹。秋季果树或林木上没有蚜虫时，常迁飞至麦田、菜园或林间草本植物上捕食蚜虫，后进入表土层化蛹越冬。

［保护利用］

①果园内少喷或不喷广谱触杀性杀虫剂，在蚜虫与食蚜蝇为200：1的情况下，可以不喷农药，依靠食蚜蝇控制蚜虫。②人工助迁。早春2、3月可从菜园采集食蚜蝇越冬幼虫或蛹，保存于室内冷凉处的土中，待成虫羽化时放入果园。必要时可冷藏于5～7℃的冰箱中，冷藏时土壤不可太干，待需用时取出

放入室温下使其羽化，或直接放到果园。③诱集成虫。在果园内及周边种植春天早开花的草本植物，如苦荬菜、香菜、油菜等，以吸引食蚜蝇。

小 黑 花 蝽

小黑花蝽［*Orius sauteri*（Poppius）］是多种害虫的天敌，可以捕食蚜虫、害螨、介壳虫、叶蝉等害虫及其卵。当田间没有猎物时，可取食花粉和植物汁液，但不造成显著危害。其活动性强、繁殖力高、捕食量大。

［形态特征］

成虫：体长1.7～1.9毫米，头、前胸背板、小盾片及腹部黑色，有光泽。前翅黄褐色，膜片白色透明稍带褐色。后胸侧板上有臭腺孔。足黄褐色，各足基节黑褐色。

若虫：初孵若虫白色透明，取食后体色逐渐变为橘黄色至

小黑花蝽成虫

黄褐色。复眼鲜红色。腹部第三至五节背面各有1个黄褐色斑块，纵向排成一行。

［发生规律］1年发生7～8代，以成虫在树皮缝间、枯枝落叶、麦田、菜园等处越冬。越冬成虫在4月上、中旬出现，捕食果树上的蚜虫、红蜘蛛及卵等。雌成虫产卵于叶片背面叶脉和叶柄组织内，每头雌成虫产卵30～40粒。5月下旬至8月中旬为发生高峰期。1头小黑花蝽一生可消灭害螨2 000头以上。

［保护利用］

①引诱成虫。一些植物可为小黑花蝽提供生存所需的花粉、花蜜和猎物，可在果园内或周围种植部分春天开花的荞麦、油菜、十字花科蔬菜（白菜、萝卜、甘蓝等），以增加果园小花蝽和其他益虫数量。②人工饲养与释放。从田间采集小黑花蝽，然后放于温室或塑料大棚内豆苗上，用蚜虫、红蜘蛛做饲料进行饲养。饲养期间的温度控制在25℃左右，湿度控制在60%～90%之间。成虫产卵在芸豆苗的嫩芽上，待田间使用时，释放到果树上。在虫害初发期，田间释放控制害虫效果最好。③选择性喷药。阿维菌素、拟除虫菊酯类对小黑花蝽有直接的毒杀作用，对捕食能力也有一定影响。在小黑花蝽大量活动期，尽量不喷洒上述药剂。

塔六点蓟马

塔六点蓟马（*Scolothrips takahashii* Prisener）是果园中的一种重要害螨天敌，主要捕食苹果全爪螨、山楂叶螨、二斑叶螨、柑橘全爪螨等多种害螨。

[形态特征]

成虫：体细长形，长0.7 ~ 0.8毫米。全体黄白色，前胸周缘有6对长黑褐色刺毛。翅短于腹部末端，两个前翅狭长，上各有6个褐色斑纹。

卵：乳白色，椭圆形。

若虫：体长0.6 ~ 0.7毫米，全体黄白色，复眼暗红色。

塔六点蓟马若虫

[发生规律] 1年发生8 ~ 10代，以幼虫在树皮缝、老皮下越冬。4月下旬出现成虫，4 ~ 10月均有成虫发生，6 ~ 7月成虫数量最多。成虫、若虫均能捕食害螨，可捕食成螨、若螨、幼螨和卵，每头成虫1天捕食害螨3 ~ 4头、卵1 ~ 2粒，若虫每天捕食害螨2 ~ 3头、卵1 ~ 2粒。虽然食量小，但繁殖力很强，雌成虫一生能产卵200余粒。8月以后，果树上害螨减少，塔六点蓟马迁飞到附近的茄子、黄瓜、大豆、棉花、花生等作物上取食。秋后，飞回到果树上越冬。

[保护利用]

①果树上喷洒对塔六点蓟马比较安全的药剂，减少对它的伤害。据试验，杀螨剂哒螨灵、螺螨酯对该虫比较安全。②在

农田菜豆、茄子、玉米上大量发生塔六点蓟马时，摘取这些作物的叶片，移放到果树害螨较多的部位。也可在温室种植芸豆苗、花生苗，大量繁殖叶螨做食料，来繁殖塔六点蓟马，释放于果园。③在果树行间或园外空地种植早熟大豆，豆叶上生存繁殖的叶螨较多，可为塔六点蓟马提供食料让其大量繁殖。6月中、下旬后，塔六点蓟马转移到果树叶片上捕食害螨，当益害比达1 ： 50时，即能控制害螨为害。④在山楂叶螨越冬雌成螨产卵高峰期，树上接种塔六点蓟马，并在山楂叶螨暴发期喷洒低浓度（常规用量的12.5%）哒螨灵，可有效地把益害比控制在动态平衡状态。

捕　食　螨

捕食螨以植食性害螨为猎物，能根据害螨分泌物自动追踪捕食，可捕食多种害螨的卵、若螨和成螨。捕食螨有许多种，如拟长毛钝绥螨（*Amblyseius pesudolongis-pinosus*）、普通盲走螨（*Typhlodromus vulgaris* Ehara）、中华植绥螨（*Phytoseius chinensis* Chang）等。捕食螨一般生活周期短、捕食量大、繁殖力强，1只捕食螨一天能平均食取害螨卵9.8粒、幼螨28头，一生捕食害螨300 ～ 350头，或锈壁虱1 500 ～ 3 000头。当果树上害螨的数量少而食料不足时，捕食螨便取食瘿螨、菌丝体、花粉和昆虫的粪便，以便继续控制害螨的发生。

［形态特征］雌成螨一般长椭圆形或长卵圆形，体长0.3 ～ 0.4毫米，白色或乳白色，食红色螨后呈肉红色。

［发生规律］1年发生8～12代，以雌成螨在树皮缝、粗皮下越冬。4月下旬出蛰活动，爬行到叶片上取食害螨。行动活泼，对害螨具有跟随性，雌螨产卵于叶片上。10月下旬后，成螨潜入树皮缝内越冬。

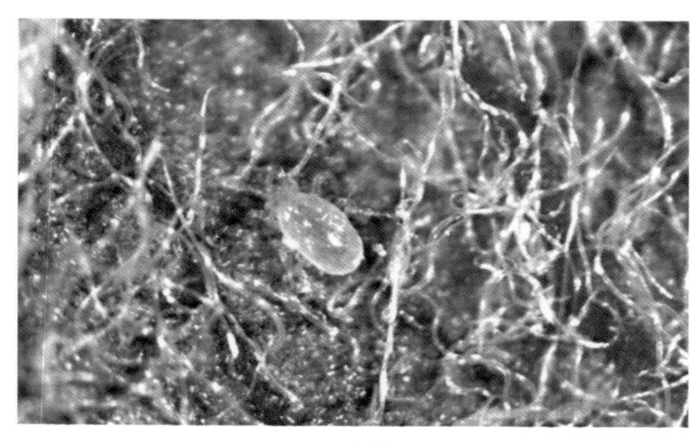

捕食螨

［保护利用］

①果树不喷或少喷对捕食螨有伤害的农药，以保护捕食螨。当果园螨害严重而捕食螨数量低时，可喷洒低浓度的夏型机油乳剂、苯丁锡药液，调整害螨与捕食螨的比例，使捕食螨有效发挥作用。②人工饲养和释放。早春在温室内种植豆苗，温度保持24～26℃，相对湿度70%～85%。待豆苗长到1尺高时接种叶螨，10余天后接种捕食螨，数量为叶螨的1/10～1/5。再过10余天，捕食螨大量繁殖时，可逐渐降温或移入15℃左右低温温室。3～5天后，将捕食螨用细毛刷扫入试管，冷藏在5～6℃低温下，可长期保存，需要时可取出放于果树上。释放捕食螨后30天内，不能喷洒任何杀螨剂。

大 食 虫 虻

大食虫虻（*Promuchus yesonicus*）也叫盗虻。属双翅目，食虫虻科。可捕食蝽类、蝇、夜蛾。

［形态特征］成虫体长25～28毫米，翅展40～46毫米。复眼黑色，后缘有白毛。口吻黑色。触角黑色，3节，末端有1长须。胸背被有褐黑色粉，中央有2条灰黑色纵纹，并有淡色细纵纹，侧缘有黄白色粉被，生有细黄毛及黑粗鬃。翅透明微带褐色，翅脉褐色。足黑色，胫节除末端外黄褐色，各节均有粗黑棘毛。足末端有一对爪，上有黄褐色褥垫。腹部狭长，各节后半部有黄白色粉被，并密生黄毛。

大食虫虻成虫捕食苍蝇

［发生规律］幼虫生长在落叶、腐土或腐烂木中，寄食其他昆虫幼虫。5～10月田间均可见成虫。成虫捕食害虫时，把口器插入其体内，使其不能运动，再吸食体液。

［保护利用］参见其他天敌。

螳　　螂

螳螂又名刀螂、大刀螂，属于螳螂目，螳螂科。是一种中到大型昆虫，中国已知约51种，在国内广泛分布。果园常见的是中华螳螂，可捕食蝉、蝇、蚊、蝗虫及鳞翅目昆虫等40余种害虫。

〔形态特征〕成虫体长形，腹部肥大。体色多为绿色，也有褐色或具有花斑的种类。头三角形且活动自如，复眼大而明亮。前足呈镰刀状，并生有倒勾的小刺。前翅皮质，为覆翅，后翅膜质，扇状，休息时叠于背上。

卵产于卵鞘内，每1卵鞘有卵20 ～ 40个，排成2 ～ 4列。卵鞘是泡沫状的分泌物硬化而成，多黏附于树枝、树皮、墙壁等物体上。

螳螂卵鞘

螳螂若虫

螳螂成虫

［发生规律］一般1年1代，以卵越冬。春季，卵孵化，初孵出的若虫为“预若虫”，蜕皮3 ~ 12次才变为成虫。1只螳螂的寿命6 ~ 8个月，以若虫和成虫猎捕昆虫和小动物。

［保护利用］

①果树冬剪时，应尽量把螳螂的越冬卵鞘留在树上。剪下的越冬卵可在室内冷凉条件下保存，待果树谢花后，悬挂在果

树上使其孵化。②人工饲养与繁殖释放。初春季节，从田间采集带有完整卵块的枝条，插入放少许水的罐头瓶中。待卵孵化时，移入室外12米×6米×2米大笼罩内饲养，笼内移植或栽种矮小树木和棉花等隔离物，供螳螂栖息，减少互相接触机会，避免自相残杀。同时，喂以蚜虫、黄粉虫、大蜡螟、苍蝇等昆虫，螳螂即可完成生长发育过程并产卵。当田间需要时，取若虫或成虫释放于果树上。

蠋　　蝽

蠋蝽（*Arma chinensis*）又名蠋敌蝽、蜀敌。属半翅目，蝽科。国内广泛分布，国外分布于日本、朝鲜。以成虫、若虫捕食刺蛾、舟形毛虫、棉铃虫及美国白蛾的幼虫等。

［形态特征］

成虫：体长10～14毫米，宽5～7毫米。全体黄褐或黑褐色，布满细小刻点。触角红黄色。足淡褐色，跗节和胫节稍带浅红色。

蠋蝽成虫

卵：圆桶形，比小米粒稍小，多行排列成块状。初产乳白色，孵化前米黄色。

若虫：初孵化时米黄色，复眼赤红色，很快变成深黑色，腹部背板出现4～5条黑色横纹。四龄后长出黑色翅芽。

蠋蝽若虫捕食刺蛾幼虫

［发生规律］在鲁西南1年发生3～4代。以成虫在枯枝落叶中越冬，翌年5月出来活动取食。遇到寄主后，蠋蝽将口器刺入虫体内，经2～3分钟即可致死。成虫多产卵在叶片正面，平均每头产卵300余粒。孵化后若虫三龄前有聚集习性，若虫日捕食象鼻虫8头，成虫日捕食象鼻虫10头。最喜猎食鳞翅目和同翅目的成虫、幼虫。

［保护利用］蠋蝽发生期间，果树上禁止或少喷洒广谱触杀性杀虫剂，以减少对蠋蝽的伤害。

昆虫病原线虫

昆虫病原线虫是一类专门寄生昆虫的线虫，不侵染植物和高等动物。线虫通过害虫口器和气孔进入体内，然后释放携带的共生细菌，使害虫患白血病死亡。可寄生多种地下害虫、钻蛀性害虫及在土壤中越冬或越夏的害虫，如桃小食心虫、天牛、蛴螬、地老虎、金针虫、樱桃实蜂、核桃举肢蛾等。线虫一般生活在土壤中，自然界土壤中具有丰富的线虫资源，目前已经开发利用20余种。

〔形态特征〕侵染期线虫个体很小，细长形，线状，两端尖，长约0.1毫米，白色透明。需要在体视镜下才能观察到。

侵染期线虫在土壤中可以存活几个月，喜欢生存在潮湿、疏松的土壤中，惧怕干燥和紫外线。

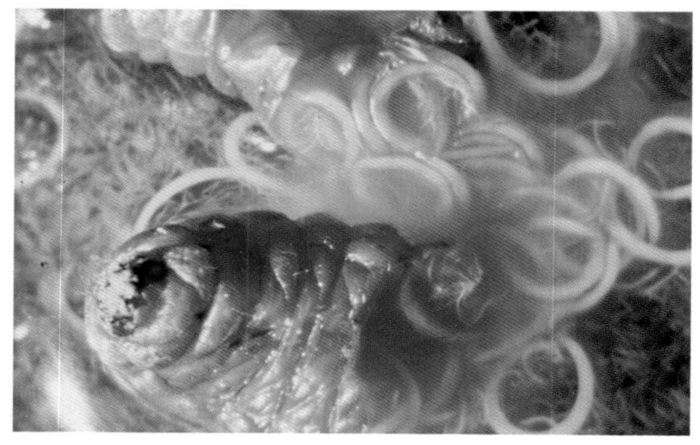

昆虫病原线虫母虫和侵染期线虫

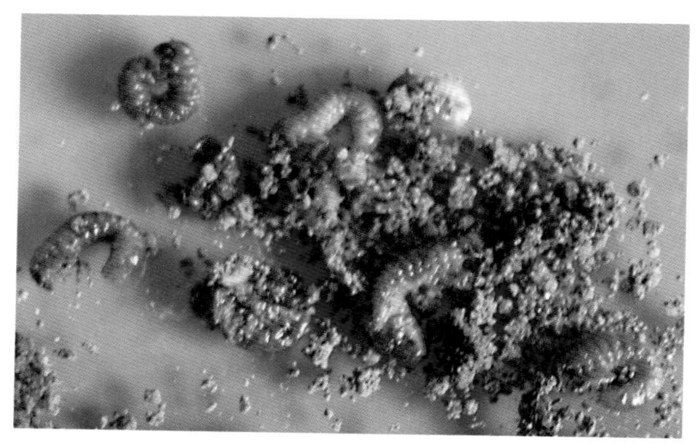

被昆虫病原线虫寄生的蛴螬

［保护利用］昆虫病原线虫可以在昆虫体内和人工培养基上繁殖。田间发现被寄生的虫尸后，带回室内保湿培养，当线虫出来后，用清水冲洗成线虫液，浇灌到有地下害虫为害的地块，也可把虫尸直接转移到害虫发生地。对于室内大量培养的昆虫病原线虫，需在金龟子、桃小食心虫成虫出土前使用，一般为5～9月，地面喷洒或泼浇昆虫病原线虫液，浓度为每亩1亿～3亿条。使用前后应灌水，保持土壤湿润。

昆虫病原线虫属活体，应注意妥善保存。使用时，现配现用，不得久置。雨后施用最好，有利于线虫寻找和侵染害虫。

第五章　樱桃病虫害绿色防控技术与防治历

1. 常用防治方法

在樱桃生产中，会有许多病虫为害樱桃的根系、枝干、叶片和花果，严重影响樱桃树体的生长发育、结果，果实的产量和品质。因此，需要对这些病虫害进行合理防治。随着科学技术的发展，人类逐渐发现了防治病虫害的新方法，并把它们综合在一起使用，称为有害生物综合治理（IPM）。1967年联合国粮农组织（FAO）在罗马召开的“有害生物综合治理”会议上，提出的IPM定义是“综合治理是对有害生物的一种管理系统，依据有害生物的种群动态及与环境的关系，尽可能协调运用一切适当的技术和方法，使有害生物种群控制在经济危害允许水平之下”。一般条件下，防治果树病虫害的方法有五种，即农业防治、生物防治、物理防治、化学防治、植物检疫。

（1）农业防治。是在有利于农业生产的前提下，通过改变栽培方式，选用抗（耐）病虫品种，加强栽培管理以及改良自然环境等来抑制或减轻病虫害的发生。在果树上常结合栽培管理，通过修剪、清洁果园、施肥、翻土、疏花疏果、套袋、覆膜等来消灭病虫害，或根据病虫发生特点人工捕杀，摘除、刮除来消灭病虫。在樱桃生产中农业防治用的很多，几乎每种病虫害的防治都能用到。如选择栽植抗根癌病的樱桃砧木；冬季清理落叶与杂草、剪除病虫枝；生长季节人工捕杀天牛、茶翅蝽、金龟子、舟形毛虫、黑蚱蝉等；合理使用肥水增强树体抵抗能力；合理修剪、改善通风透光抑制病虫害发生；温室大棚樱桃覆地膜、及时放风调整空气温湿度。

农业防治是病虫害综合治理的基础，其优点是通过贯彻预防为主的主动措施，可以把病虫消灭在果园以外或为害之前。由于结合果树丰产栽培技术，不需增加防治病虫害的劳动力和成本，可充分利用病虫生活史中的薄弱环节，如越冬期、不活动期，此时采取措施，收益显著。而且，农业防治有利于天敌生存与发挥控害作用，不污染环境，符合安全优质果品生产要求。但是，农业防治也有一定的局限性，无法对一些病虫做到完全彻底控制。

刮老翘皮

剪病虫枝

树下覆盖地膜

大棚内振落花瓣防治灰霉病

(2) 生物防治。是指利用活体自然天敌生物防治病虫害。如以虫治虫、以菌治虫、以鸟治虫、以螨治螨、以菌治病等。目前我国主要用于防治害虫，少数用于防病（K84菌防治根癌病）。可以大量人工繁殖释放的天敌有苏云金杆菌（Bt）、微孢子虫、昆虫病原线虫、昆虫病毒、白僵菌、K84菌、赤眼蜂、瓢虫、草蛉、捕食螨、塔六点蓟马等。

(3) 物理防治。指利用各种物理因子（光、电、色、温湿度、声音）或器械防治害虫的方法，包括捕杀、诱杀、阻隔、

绑扎诱虫带

释放捕食螨

释放昆虫病原线虫

辐照不育技术的使用等。如黑光灯诱虫，色板诱杀和测报叶蝉、实蝇和果蝇，果树涂白驱避害虫产卵，诱虫器皿内放置糖醋液诱杀果蝇，性诱剂诱杀卷叶蛾和梨小食心虫等。

物理防治的特点是其中一些方法具有特殊的作用（红外线、高频电流），能杀死隐蔽为害的害虫，多数没有化学防治所产生的副作用。但是，物理机械防治需要花费较多的劳动力或巨大的费用，有些方法对天敌也有影响。如黄板和黑光灯诱杀害虫的同时也会诱杀一些寄生蜂、草蛉等有益昆虫。

附：糖醋液的配制方法

取白酒、红糖、果醋、水，按1 ：1 ：4 ：16混合在一起，加入少量溴氰菊酯乳油，搅拌均匀后，分装到玻璃罐头瓶或其他敞口容器中，悬挂到果园内或边上。经常查看诱虫情况，捞出瓶内的虫体，根据诱集害虫的种类，还可以预测害虫的发生情况，指导防治。另外，性诱、光诱、色诱也能起到虫情测报作用。

（4）化学防治。指利用各种来源的化学物质防治病虫害的方法。目前主要指化学合成农药的使用。

化学防治的优点是防治谱广，作用快，效果好，使用方便，不受地区和季节的局限，适于大面积快速防治。在目前及今后一段时间内，化学防治仍然是综合治理的一个重要手段。但化学防治也存在缺点，如农药保管和使用不慎，会引起人畜中毒、污染环境和造成公害；长期大量使用农药还会引起病虫的抗药性，并杀伤自然天敌，导致次要害虫上升为主要害虫和某些害虫的再猖獗。因此，要注意合理用药、节制用药和精确用药，选择高效、低毒、低残留的农药来防治有害生物。同时要考虑施药器械和方法，以便尽可能减少化学农药使用数量和次数，避免对人类、有益生物和环境的不良影响。

（5）植物检疫。就是国家以法律手段，制定出一整套的法

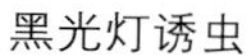

黑光灯诱虫

树干缠黏虫胶带

黄板诱杀樱桃园叶蝉

性诱剂诱蛾

发芽前喷干枝

生长期喷药

令规定，由专门机构（检疫局、检疫站、海关等）执行，对应受检疫的植物和植物产品进行严格检查，控制有害生物传入或带出以及在国内传播，是防止有害生物传播蔓延的一项根本性措施。又称为“法规防治”。

由于国外水果进入中国，我国为了防止新的有害生物随樱桃进入而影响国内樱桃生产，1997年专门签发了“进口美国华盛顿州甜樱桃检疫要求”的文件（动植检植字〔1997〕21号），并就需要检疫的病虫害种类、检疫和处理方法做了具体规定。

2. 露地樱桃病虫害综合防治历

11月上旬至3月上旬（休眠期）

落叶后，结合冬季修剪，剪除病虫枝，刷去枝干上的介壳虫。解下枝干上绑扎的诱虫带或草把，彻底清扫枯枝落叶和杂草，结合施肥和翻地深埋于树下做肥料或集中起来销毁，消灭其中的越冬病虫。焚烧前把诱虫带内的天敌取出，放入樱桃园内。

3月上中旬至4月初（萌芽期）

芽萌动前，全园树上喷洒3～5波美度石硫合剂或机油乳剂50倍+50%福美锌200倍+5%吡虫啉乳油2 000倍混合液。消灭在树体上越冬的蚜虫、绿盲蝽、介壳虫、病原菌等。

芽萌动后期，树上喷洒溴氰菊酯+抗病毒剂，防治绿盲蝽、叶蝉、卷叶虫、病毒病等。

对新建樱桃园，选择健壮、无病虫苗木，栽植前用K84菌液蘸根。栽好后树干上端套塑料袋，防止黑绒鳃金龟、象鼻虫等为害新芽和嫩叶。

4月上旬至5月上旬（开花期至幼果期）

发芽后，加强对苹毛丽金龟和黑绒鳃金龟发生情况的监测。当发现虫量较多时，树上喷洒10%吡虫啉4 000倍液+40%辛硫磷1 500倍液，可兼治螨类、蚜虫、叶蝉、介壳虫、卷叶虫等。如果虫量小就不要喷药，以免杀伤蜜蜂和天敌。

谢花后1周，喷洒中生菌素于枝叶和主干，防治细菌性穿孔病。7～10天后再喷洒1次80%代森锰锌可湿性粉剂800倍液+阿维菌素+高效氯氰菊酯，防治穿孔病、叶斑病、褐腐病、灰霉病、红蜘蛛、卷叶虫、梨小食心虫、叶蝉、螨、介壳虫。

5月中下旬至6月下旬（大樱桃成熟期）

注意防治果蝇。果实着色前，田间悬挂糖醋液罐诱杀果蝇成虫；地面喷洒辛硫磷和高效氯氰菊酯药液；树上喷施多杀菌素水剂1 000倍液1次，5天后重喷1次。及时采果，防止果实过熟引诱果蝇。

7～10月（果实采收后至落叶前）

果实采收后，应及时清除果园中的落果和烂果，集中倒入沼气池或研碎，以消灭果蝇。然后树上喷洒一遍灭幼脲+戊唑醇，可防治多种鳞翅目害虫及多种病害。间隔20天左右喷洒一遍戊唑醇或68.75%噁唑菌酮·锰锌水分散粒剂1 000～1 500倍液，防治樱桃褐斑病。

经常检查树上病虫发生情况。发现天牛和吉丁虫新为害蛀孔时，人工钩杀和用药液灌注。发现流胶病，刮除流胶后涂抹石硫合剂液。

9月下旬，在主干上绑扎诱虫带或草把，诱集害虫来越冬。

3. 设施樱桃病虫害发生特点与防治历

（1）设施樱桃病虫害发生特点。

①发生时间提前，为害期延长。露地情况下，大樱桃在3月中下旬萌芽。在设施内（温室、塑料大棚）1月下旬至2月上旬萌芽，提前了60天左右。因此，一些病虫的发生时间也随樱桃的物候期而提前，其中桑白蚧、细菌性穿孔病表现最明显。山

东省露地桑白蚧1年发生2代，设施内则可发生3代。

②个别病虫害为害加重。在扣棚期间，由于湿度大、通风差，加上谢花后花瓣不能及时脱离果实，所以为害果实和叶片的灰霉病发生极为严重。同时，为了减少化学农药对传粉蜜蜂和壁蜂的伤害，以及农药对果实的污染，果实采收前一般不喷洒杀虫、杀菌剂。果实采收后，果农往往放松病虫害管理，造成夏秋季节桑白蚧、红蜘蛛、桃一点叶蝉和穿孔性褐斑病为害加重。

（2）设施樱桃病虫害防治历。

①升温前（塑料大棚覆膜前）。结合整形修剪剪除病虫枝，清扫树下枝叶和杂草，集中深埋或烧毁。用钢丝球或硬塑料毛刷刮除枝干上的桑白蚧和其他介壳虫。树上喷洒3 ～ 5波美度石硫合剂或机油乳剂50倍+50%福美锌200倍混合液，以防治越冬介壳虫、红蜘蛛，铲除树体上的病菌。

②升温后（塑料大棚覆膜后）。樱桃树萌芽前。地面覆盖塑料膜，提高地温，降低棚内湿度。芽冒绿尖时，树上喷洒10%吡虫啉4 000 ～ 5 000倍液+防病毒剂+甲壳素混合液，防治绿盲蝽、小绿叶蝉、病毒病等。

谢花期至成熟期。谢花时，人工摇晃树枝，促使花瓣及时脱落。及时合理通风，降低湿度，减少灰霉病和其他病害的发生。经常检查树体，发现病叶、病果、虫叶立即摘除，带出棚外集中深埋。发现枝干上出现木腐病子实体时，用刀切除干净，并在切口处涂抹石硫合剂。查找枝干上有新虫粪的地方，用小刀挖除或铁丝钩杀在皮层下为害的天牛、吉丁虫幼虫。

在灰霉病发生初期，用50%腐霉利可湿性粉剂1 000 ～ 1 500倍液喷雾进行防治。在细菌性穿孔病发生初期，树上喷洒中生菌素可湿性粉剂800倍液进行防治。

③果实采收后（塑料大棚揭膜后）。果实采收后，及时揭

掉棚上和地面覆盖的塑料薄膜。几天后，喷洒松脂酸钠+甲维盐+吡虫啉，防治细菌性穿孔病、红蜘蛛、卷叶虫、叶蝉和桑白蚧等。

防治枝干流胶病，把流出的胶块连同流胶眼切除，用石硫合剂或硫黄水拌黄泥糊上切口，此法可减轻流胶。

6～8月，喷洒两遍药剂防治病虫害，以便保持枝叶生长和花芽分化。喷洒药剂如下：

第一次：70%甲基硫菌灵可湿性粉剂600倍液。

第二次：80%代森锰锌800倍+2.5%高效氯氰菊酯2 500倍混合液。

同时，田间查找为害枝干的天牛、吉丁虫蛀孔，用铁丝钩杀蛀孔内的幼虫，或用40%辛硫磷乳油灌注防治。

附表　樱桃园常用农药一览

通用名	商品名	毒性	防治对象	使用时期	注意事项
吡虫啉	高巧、粉虱净	低毒	蚜虫、叶蝉、蝽	发生初期	在傍晚喷洒好
啶虫脒	莫比朗、聚歼	低毒	蚜虫、叶蝉、蝽	发生初期	避免中午喷洒
苏云金杆菌	Bt、苏力菌	低毒	鳞翅目害虫的幼虫	低龄幼虫	
机油乳剂	蚧螨灵、绿颖	低毒	介壳虫、叶螨、叶蝉	各虫态	发芽前使用
氯虫苯甲酰胺	康宽、奥得腾	微毒	鳞翅目害虫的幼虫	卵孵化盛期	叶面喷洒
乙基多杀菌素	艾绿士	中毒	果蝇、蓟马等	卵期和幼虫期	避免中午喷药
辛硫磷		低毒	果蝇	所有虫态	土壤处理
敌敌畏		中毒	天牛、吉丁虫	幼虫、卵	灌蛀道
阿维菌素	螨虫素、齐螨素	中毒	叶螨、鳞翅目害虫	幼虫、成虫	不能在花期喷洒
甲维盐	颀完	低毒	叶螨、鳞翅目害虫	幼虫、成若螨	不能在花期喷洒
高效氯氰菊酯	高效灭百可、歼灭	中毒	所有害虫	所有虫态	不能在花期喷洒
噻螨酮	尼索朗、尼螨朗	低毒	叶螨	卵、幼若螨期	在卵期使用
螺螨酯	螨危、螨威多	低毒	叶螨	卵、幼若螨期	不能在花期喷洒
哒螨灵	牵牛星、扫螨净	中毒	山楂叶螨	各虫态	果实采收期禁用
噻虫嗪	阿克泰、快胜	低毒	蚜虫、叶蝉、蚧、蝽		不能在花期喷洒

（续）

通用名	商品名	毒性	防治对象	使用时期	注意事项
吡蚜酮	飞电、吡嗪酮	低毒	蚜虫、叶蝉、蚧、蝽	若虫、成虫	
多杀菌素	菜喜、催杀	低毒	鳞翅目害虫、蚜虫、蚧	幼虫、卵	避免中午喷洒
甲氧虫酰肼	雷通、美满	低毒	鳞翅目害虫	低龄幼虫	不能污染水源
除虫菊素	清源保	中毒	果蝇、叶蝉、鳞翅目害虫		避免中午喷洒
K84菌剂	抗根癌菌剂	低毒	根癌病	栽树时	蘸根、涂抹、灌根
石硫合剂	园百士、菌根	中毒	多种病菌、螨、蚧	休眠期	休眠期使用
中生菌素	克菌康、贝克尔	低毒	细菌性穿孔病	发病初期	不能与碱性农药混用
多菌灵	轮果停、多兴	低毒	多种真菌病害	病害发生前和发病初期	喷洒使用
甲基硫菌灵	甲基托布津	低毒	多种真菌病害	病害发生前和发病初期	喷洒使用
戊唑醇	富力库、立克秀	低毒	叶斑、灰霉、炭疽病	发病初期	喷洒使用
代森锰锌	喷克、大生M-45	低毒	叶斑病、穿孔病	发病初期	发芽后喷洒
腐霉利	速克灵	低毒	灰霉病	病害发生前和发病初期	喷洒使用
嘧菌酯	阿米西达	低毒	叶斑病、炭疽病	病害发生前和发病初期	喷洒使用

注：鳞翅目害虫：苹小卷叶蛾、黑星麦蛾、梨小食心虫、刺蛾、桃剑纹夜蛾等；
鞘翅目害虫：金龟甲类；
蚧：桑盾蚧、朝鲜球坚蜡蚧、草履蚧；
叶螨：山楂叶螨、二斑叶螨；
蝽：绿盲蝽、茶翅蝽、麻皮蝽、梨冠网蝽。

图书在版编目（CIP）数据

樱桃病虫害绿色防控彩色图谱 / 孙瑞红，李晓军主编. — 北京：中国农业出版社，2018.6
（果园病虫害防控一本通）
ISBN 978-7-109-23721-6

Ⅰ.①樱… Ⅱ.①孙… ②李… Ⅲ.①樱桃-病虫害防治-图谱 Ⅳ.①S436.629-64

中国版本图书馆CIP数据核字（2017）第319987号

中国农业出版社出版
（北京市朝阳区农展馆北路2号）
（邮政编码 100125）
责任编辑 阎莎莎 张洪光

北京中科印刷有限公司印刷 新华书店北京发行所发行
2018年6月第1版 2018年6月北京第1次印刷

开本：880mm×1230mm 1/32 印张：5.375
字数：136千字
定价：32.00元